과학으로 먹는
3대 영양소

탄수화물 · 지방 · 단백질

과학으로 먹는

3대

먹는

탄수화물 · 지방 · 단백질

영양소

| 정주영 지음 |

Ω 전파과학사

이 책을 쓰게 된 직접적인 계기는 사실 전파과학사와 인연을 맺으면서 입니다. 사실 지금까지 네이버에서는 과학 분야에서 가장 많은 방문자를 가진 블로거로 알려져 있고 여기 저기 글도 투고하면서 이미 프리랜서 작가라고 할 수 있지만, 책은 내본 적이 없었습니다. 몇 차례 권유를 받기도 했지만, 여러 가지 일을 하면서 시간이 부족해서 좀처럼 여유가 없었기 때문입니다. 동시에 아직은 책을 내기에 스스로 부족한 부분이 많다고 생각했기 때문이기도 합니다.

하지만 언젠가 단행본을 내보겠다는 생각을 하고 있다가 우연히 손대표님과 만나서 이 생각을 구체화할 수 있는 기회를 얻었습니다. 특히 저를 움직인 것은 국내 작가가 쓴 과학 서적이 별로 없다는 이야기였습니다. 지금까지 책을 안 읽는 세태를 비판하긴 했지만, 정작 과연 국내에 읽을 만한 책이 얼마나 있었는지를 생각하면 아쉬운 부분이 많았습니다. 이 아쉬움은 사실 과학보다는 건강 관련 서적에서 더 큰 것 같습니다.

온갖 검증되지 않은 건강 비책을 담은 서적은 넘치지만, 과학적인 관점에서 본 식생활 습관에 관한 책은 좀처럼 보기 힘든 것이 사실입니다. '어떻게 먹는 것이 과학적, 의학적으로 가장 건강한가?' 라는 질문에 대해서 좀 더 과학적인 근거를 지닌 서적의 필요성을 느낀 것은 저만의 이야기는 아닐 것입니다. 특히 의사라면 이 문제에 대해서 전문가적 조언을 해줄 수 있어야 합니다.

하지만 저를 비롯해서 많은 의사들이 어떻게 먹어야 건강한지보다는 최신 술기나 약물 치료 등에 대해서 더 많은 관심을 가진 것이 사실입니다. 이런 자세를 반성하고자 하는 마음에서 이 주제로 책을 쓰면서 누구보다 제가 새로운 것을 많이 배우고 공부했습니다.

사실 첫번째 책을 내고 보니 성취감보다는 아쉬움과 부족함이 더 크게 느껴지는 것 같습니다. 집필을 마쳤을 때는 더 많은 공부가 필요하다는 생각이 많이 들었습니다. 개인적으로 부족한 점이 많지만, 그럼에도 이 책을 출간할 수 있었던 것은 보이지 않는 곳에서 저를 도와 주신 여러 고마운 분들 덕분입니다. 제가 일하는 내시경실의 박성근 실장님을 비롯한 여러 선생님, 그리고 저의 은사이신 예방의학 교실의 최중명 교수님과 같은 교실에서 연구를 도와주신 류재홍 선생님, 많은 연구에서 저의 부족한 통계 분석을 도와주신 국립 암센터의 오창모 선생님께 감사드립니다.

동시에 저의 가족과 부모님, 특히 제 반려자로 항상 든든한 후원자가 되는 아내 지현에게 큰 감사의 말을 남깁니다. 마지막으로 책을 구입하고 읽어 주신 독자분들에게 깊이 감사드립니다.

차례

3장 • 단백질. 우리 몸의 구성 물질 그리고 없어서는 안 될 영양소

한국인은 밥이 주식이다. 물론 아닌 경우도 더러 있겠지만, 대개의 한국 사람은 하루 세 끼 전부는 아니더라도 밥을 기본으로 식생활을 영위한다. 이는 다시 말해 탄수화물을 에너지 섭취의 기본으로 삼고 있다는 이야기다. 그런데 최근에 이 탄수화물을 줄여야 한다는 이야기가 나오고 있다. 비만이나 당뇨의 원인이 된다는 이야기도 있고 건강에 나쁘다는 이야기도 심심치 않게 들린다. 그런데 이는 한국만의 이야기가 아니다.

미국을 중심으로 큰 인기를 끌고 있고, 2013년에 구글 최대 검색 단어 가운데 하나였던 원시인 식단paleo diet의 경우 육류나 생선, 과일, 견과류 등의 섭취는 늘리고 탄수화물 섭취는 크게 줄이라고 주장한다. 이를 주장하는 사람들에 의하면 현대인이 먹는 음식은 과거 원시인들이 먹었던 음식과는 너무 다르며 우리 몸이 여기에 적응하지 못했다고 한다. 따라서 본래 원

시인이 먹었던 음식으로 돌아가야 건강한 삶이 된다고 주장한다. 여기에다 이 책을 쓰는 시점에서 우리나라에서는 고지방 저탄수화물 다이어트가 유행을 탔다.

반면 다른 한쪽에서는 밥 위주의 한식이 건강한 식사라고 주장하는 사람도 있다. 우리가 자꾸 서구적인 식생활로 옮겨가는 것이 비만, 당뇨, 고혈압 등 각종 성인병의 원인이라고 한다. 햄버거, 감자튀김, 치킨, 피자 같은 패스트푸드에 비해서 밥을 주식으로 하는 한식이 더 건강한 식사인 것 같다. 사실 평균적인 미국인에 비해서 한국인이나 일본인을 포함한 아시아인이 덜 뚱뚱하고 더 오래 산다. 과연 어느 쪽이 옳은 이야기일까?

이런 저런 주장을 담은 이야기가 (종종 상반된 이야기가 나오기도 한다) TV, 인터넷, 그리고 책으로 나와 있다 보니 정보의 홍수에 빠진 사람들은 어떤 것이 과학적으로 근거가 있는 이야기인지 알기 어렵다. 우리는 각자 나름의 분야에서 일하면서 그 분야의 전문가가 될 수는 있지만, 모든 분야에서 만물박사가 되기는 어렵다.

그러나 지금 이 순간에서 정보는 여기저기서 쏟아진다. 특히 인터넷이 발전하면서 소셜 미디어, 블로그, 인터넷 카페, 커뮤니티 등을 통해서 누구나 정보를 만들고 퍼트릴 수 있는 시대다. 물론 정보의 바다인 인터넷의 긍정적인 효과는 엄청나다. 하지만 동시에 정보에 홍수 속에서 표류하게 될 가능성은 더 커졌다. 이는 단순히 넓지만 얕은 지식의 문제가 아니다. 진짜 문제는 잘못 알고 있는 지식이 나와 가족의 건강에 악영향을 미치게 될 경우다.

혁신의 아이콘으로 불리던 스티브 잡스는 췌장암으로 사망했다. 그가 걸렸던 신경 내분비계 종양Neuroendocrine tumor은 아주 드문 악성 종양일 뿐 아니라 예후와 경과가 다양해서 결과를 장담할 수 없지만, 만약 2003년 10월 처음 진단받았을 때 외과적으로 절제했다면 적어도 더 오래 살았거나 완치되었을 가능성도 배제할 수 없다. 췌장에 생기는 악성 종양의 95%를 차지하는 췌관 선암종Pancreatic ductal adenocarcinoma보다 보통 예후가 좋기 때문이다.

그러나 잡스는 첨단의 아이콘답지 않게 진단 초기에 대체 의학이나 식이요법 등으로 치료를 하다가 결국 조기에 악성 종양을 완전히 절제할 수 있는 기회를 잃었다. 이후에 췌장 수술과 간 이식 수술 등을 받으면서 비교적 오래 살기는 했지만, 진단 초기에 치료했다면 전이가 일어나기 전에 제거에 성공했을지도 모르는 일이다.

스티브 잡스의 전기에는 때때로 금식을 하면서 채식에 집착하는 기이한 섭식 장애를 가진 잡스의 모습이 나온다. 하지만 잡스의 행동만 기이하다고 말할 수 있을까? 인터넷과 TV를 보면 온갖 별난 건강 비법들이 나오고 이를 실제로 따라 하는 사람도 드물지 않다. 모두 그럴 듯한 이야기를 하면

서 놀라운 효능을 이야기하면 진짜 같은 느낌이 들기 때문이다.

결국 아이러니하게도 다양한 매체가 등장하면서 건강한 식생활이 무엇인지에 대해서 더욱 더 알기가 어려워졌다. 필자는 이 고민에 대해서 가급적이면 과학적으로 검증되고 가장 신뢰할 수 있는 방법을 택하라고 말하고 싶다. 그런데 모두가 그럴 듯한 주장으로 포장하는 시대에 진

짜 과학적으로 검증된 내용을 어떻게 알 수 있을까?

이 책의 목표는 3대 영양소인 탄수화물, 지질, 단백질에 대해서 과학적으로 검증된 정보를 독자에게 제공하는 것이다. (참고로 이 세 가지만 들어간 이유는 지면상의 문제이다. 나트륨, 비타민, 기타 무기질, 알코올, 식품 첨가제까지 포함하면 책의 분량이 적어도 두 배로 늘어야 한다) 물론 과학적으로 검증되었다는 것이 항상 옳다는 이야기는 아니다. 하지만 그 시점에서 과학적으로 검증되었다는 것은 적어도 과학적이지 않은 추측이나 상상에 기초한 내용보다 사실일 가능성이 크다.

'과학적 증거'에 기반을 둔 의학은 현대 의학의 기본 이념이라고 할 수 있다. 다른 말로는 근거 중심 의학EBM, Evidence based medicine이라고 한다. 근거 중심 의학은 과학적 관찰과 실험을 통해서 가장 타당한 치료 방법을 진료 지침이나 혹은 가이드라인 형태로 제시한다. 물론 이것이 절대적으로 옳다는 이야기는 아니다. 하지만 여기에는 최선의 치료가 무엇인지에 대한 전문가들이 모여 내린 가장 합리적인 대답이 담겨있다. 한 가지 예를 들어 설명해

근거 중심 의학(EBM, Evidence based medicine)이란?

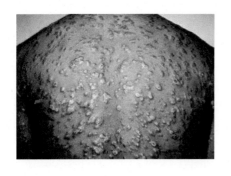

보자.

현대 의학이 발전하기 전까지 수많은 의사들이 매독을 치료하기 위해 상상할 수 있는 모든 방법을 동원했다. 그중 하나는 바로 수은 같은 중금속을 이용하는 것이었다. 16세기부터 매독의 수은 치료에 대한 기록을 볼 수 있는데, 당시 의사들은 더 효과적인 수은 투여를 위해 연고는 물론 직접 환자에게 먹이거나 증기로 투여하는 것까지 여러 가지 방법을 시도했다. 물론 수은은 치명적인 수은 중독만 일으킬 뿐 매독 치료에는 효과가 없다. 그런데 왜 당시 의사들은 수은을 처방한 것일까?

치료하지 않은 매독이 계속해서 문제를 일으키는 것은 아니다. 시간이 지나면 상당수 환자들은 잠복 매독 상태로 오랜 시간 증상 없이 지낸다. 따라서 매독의 여러 증상들은 수은으로 치료하면 호전되는 경우가 많다. 물론 치료하지 않아도 비슷한 확률로 좋아진다. 사실 수은은 매독 치료에는 아무 도움도 되지 않으면서 환자를 수은 중독에 빠지게 만들었다. 당시에는 지금과는 달리 약물의 효능을 보기 위한 과학적으로 통제된 실험의 존재를 몰랐기 때문에 이런 이상한 형태의 치료가 흔하게 행해졌다. 당시 유행했던 사혈술(Phlebotomy, 고대에서 중세 서양 의학에서는 4체액설에 근거해서 나쁜 피를 빼내면 질병이 치료된다고 믿었다. 물론 실제로는 빈혈만 조장했을 뿐이다. 오늘날에는 매우 특수한 경우에만 시행한다.) 역시 마찬가지다. 당시 의학적 치료는 지금 관점에서 보면 하지 않는 편이 환자에게 더 안전한 것들이 많았다. 근거 중심 의학은 이와 같은 검증되지 않은 위험한 치료를 줄이고 환자에게 가장 효과적이고 검증된 치료를 하기 위한 노력이다.

　오늘날에는 신약이 등장하면 1, 2, 3상으로 나눠진 엄격한 임상시험을 거쳐야만 약품을 판매할 수 있다. 신약은 반드시 안전성과 효능을 과학적으로 입증해야 한다. 이 때 기준이 되는 것은 약의 부작용보다 치료 효과가 커야 하고 치명적인 부작용이 드물거나 없어야 한다는 것이다. 이를 위해 임상 시험에서는 실험동물을 통해서 일단 안전성을 확인한 후 단계를 거쳐 약물과 위약(placebo, 실제로는 효과가 없지만, 약과 동일하게 생긴 가짜 약. 실험 대조군을 설정하기 위한 용도다)을 이용한 인체 대상 실험을 진행하게 된다. 진짜 약과 가짜 약을 받은 환자가 통계적으로 의미 있게 다른 호전 상태를 보여야 이 약이 효과가 있다는 결론을 내리게 된다. 물론 환자는 가능한 대조군과 실험군이 무작위하고 균등한 조건으로 배분되어야 한다. 이를 무작위 비교 시험Randomized Controlled Trial, RCT이라고 한다. 이는 기본적으로 과학 실험과 같기 때문에 여기서 의학은 과학이 되며 과학적 근거에 기초한 의학은 근거 중심 의학이 되는 것이다.

　이 책은 이렇게 과학적으로 검증된 근거 자료를 제시하면서 이야기를 진행할 것이다. 과학적 근거란 전문적인 학술지에 실린 과학 논문과 전문가 집단이 만든 가이드라인 및 보고서를 이야기하는 것이다. 책이나 블로그, SNS에서는 누구나 글을 올릴 수 있지만, 이런 학술 문헌은 꽤 엄격한 전문가 검증 과정과 전문가 집단의 동의를 거쳐야만 발표가 가능하다. 다만 너무 전문적인 내용 중심으로 기술하면 독자들이 읽기 어려울 것이고, 반대로 이런 내용을 대부분 제외시키면 사실상 알맹이가 없는 책이 될 것이다. 이 균형을 잡는 것이 사실 책을 쓰면서 가장 힘든 일 가운데 하나였다. 사실 이 책을 처음 집필하던 시점에서는 생화학 및 대사 관련 이야기가 제법

많이 들어갔다. 하지만 그 결과 내용이 어려워지고 오히려 본래 전하려는 주제를 전하기가 어려워졌다. 따라서 이 내용을 상당부분 줄이고 3대 영양소인 탄수화물, 지질, 단백질 섭취와 건강에 미치는 영향에 대한 역학epidemiology 연구 위주로 내용을 구성했다.

역학이란 어떤 위험 요인이 질병을 일으키는지 그 연관성을 조사하는 학문이다. 역학의 발전에서는 역시 이 분야의 고전인 존 스노우John Snow에 대한 이야기를 하지 않을 수 없다. 존 스노우는 1854년 런던 소호 지역에서 창궐한 콜레라 환자의 거주지와 발병일에 대한 정보를 수집해서 당시 전염병이 나쁜 공기에 의한다는 믿음과는 달리 사실은 오염된 물에 의해 생긴다는 사실을 밝혀냈다. 물론 콜레라균에 대해서는 몰랐지만, 이것이 물로 전파되는 수인성 전염병이라는 사실을 알아낸 것이다. 덕분에 더 이상 엉뚱한 곳에서 질병의 원인을 찾을 필요가 없어지고 진짜 위험 인자를 찾아서 효과적인 치료와 예방을 할 수 있게 된 것이다.

환자가 노출된 위험 인자를 파악하고 이것과 질병의 연관성을 찾는 역학 연구는 이후 크게 발전했다. 특히 전염병에서는 코흐Robert Koch가 결핵균, 콜레라균, 탄저병균을 차례로 분리해서 이것이 세균에 의한 것임을 분명히 밝혀냈다. 따라서 이런 세균이 전파되지 않도록 노력하면 질병의 전파도 막을 수 있는 것이다. 지금은 당연한 이야기지만 당시에는 매우 획기적인 발견이었다.

20세기에 이르러 항생제, 백신, 그리고 높아진 위생 수준(이제 사람들은 우물물을 그냥 마시지 않고 정수된 물을 마시게 되었다. 물론 전반적인 위생 수준과 영양 수준도 매우 높아졌다)으로 인해 전염성 질환은 인류 역사상 최초로 주요 사망 원인에서 빠지게 된다. 하지만 인간의 평균 수명이 증가하면서 만성 퇴행성 질환의 빈도는 급격히 높아졌다. 여기에 고혈압이나 당뇨, 심혈관 질환, 암의 빈도 역시 급격히 증가했다. 다행히 역학은 이런 질병의 발병 위험을 밝히는데도 매우 유용하다.

이 책에서는 이런 역학 및 여러 의학 연구에 기초한 내용을 설명하고 현재 나와 있는 가이드라인이 어떤 의미를 지니는지를 설명할 것이다. 그런데 사실 과학적인 근거에 기초한 한국인의 영양 섭취 가이드라인은 이미 나와 있을 뿐만 아니라 무료로 누구나 받을 수 있다.

'2015 한국인 영양소 섭취 기준'이 우리나라 주요 대학의 교수님들이 공동으로 집필한 가이드라인이다. (참고로 보건 복지부 홈페이지에서 검색을 통해 받을 수 있다) 해당 분야의 권위자들이 모여 가장 과학적으로 근거가 있는 내용의 권고안을 만들었으니 상당히 신뢰할 만 하다. 그러나 한국인 영양소 섭취 기준은 원본도 1,000페이지 이상이고 요약본도 100페이지가 넘는 분량이다. 여기다 내용도 전문지식 없이는 이해하기 힘들다.

역설적이지만 과학으로 위장한 사이비 과학은 보통 이런 전문적인 지식이 결여된 사람들이 쓰기 때문에 오히려 이해가 쉽다. 예를 들어 의학과 영양학을 이해하려면 어느 정도 생물학과 생화학에 대한 기초가 있어야 한다. 해당 분야를 전공하는 학생이라면 대개 시험과 과제 때문이라도 공부를 하겠지만, 일상에 바쁜 대다수 사람들이 시간을 들여 이걸 공부한다는 것은 좀처럼 생각하기 어려운 일이다. 아마도 이것이 과학적으로 검증된 내용을 담은 권고안이나 교과서보다 기상천외한 내용을 담은 건강 서적이 더 잘 팔리는 이유일 것이다. 골치 아프게 전문 지식을 배우지 않아도 내용을 이해하는 데 아무 문제가 없기 때문이다.

그래서 이 책의 다른 중요한 목표는 과학적으로 검증된 전문 지식을 쉽게 설명하는 것이다. 물론 상당히 어려운 일이다. 전문 지식을 담은 대학교 전공 서적이 어려운 이유는 저자들이 설명 실력이 부족해서가 아니다. 본래 내용이 어렵다 보니 어쩔 수가 없는 것이다. 복잡한 화학 반응식을 아무리 쉽게 설명한다고 해도 처음 배우는 학생들에게는 절대 쉽지 않을 것이다. 어려운 내용을 쉽게 설명하기 위해선 부득이 이해가 쉽지 않은 부분은 생략하고 필요한 내용을 중심으로 최대한 쉽게 설명하는 것이 가장 좋은 방법이 될 것이다.

　이번 책을 집필하면서 또 한 가지 느꼈던 점은 필자가 내과 의사로 수련을 받고 역학 관련 연구에 관심이 많으면서도 임상 영양학과 영양 역학에 대해서는 모르는 부분이 많았다는 것이다. 지금까지 필자의 주요 관심사는 내과 질환의 역학 연구였다. 하지만 그 중요성에도 불구하고 식생활 습관이 당뇨, 고혈압, 대사증후군, 심혈관 질환, 암 같은 주요 질환을 비롯해서 전체 사망률에 미치는 영향에 대해서는 지금까지 큰 관심이 없었다. 그러다 우연히 이번 기회를 통해서 관련된 공부를 할 수 있었고, 앞으로 새로운 연구를 할 수 있는 아이디어를 얻었다. 기회가 주어진다면 이 책에서 언급했던 의문 중 일부를 직접 밝혀보고 싶다.

주요 참고 문헌 및 역학 연구에 대해

이 책에서는 참고 문헌(주로 가이드라인과 논문이다)을 어떻게 할지 많이 고민했다. 가능한 많은 참고 문헌을 달아주면 신뢰도가 높아질 뿐 아니라 의문점이 있을 때 찾아보기 쉽다. 하지만 불필요하게 책의 분량만 늘리는 것이 아닌가 하는 것이 필자의 고민이었다. 참고문헌은 숫자로 본문 중에 표기했다. 가이드라인은 여기서 설명하고 따로 표시하지 않았다.

2015 한국인 영양소 섭취 기준은 한국 영양학회[1]에서 5년 정도 간격으로 제시하는 가이드라인으로 각종 영양 성분의 최소, 권장, 상한 섭취량과 그렇게 제정한 과학적 근거를 제시하고 있다. 보건복지부에서 「국민영양관리법」에 근거해 제정하는 것으로 국가 주도로 학회에서 작성하는 권장 기준이라고 보면 된다. 책자로 구매할 수도 있지만, 한국 영양학회 홈페이지에서 요약본을 보건복지부에서 전체를 다운로드 받을 수 있으므로 만약 구하고 싶다면 이 쪽을 이용하는 것이 좋을 것 같다.

미국인을 위한 식생활 가이드라인Dietary guidelines for Americans 2015-2020, Eighth edition은 미 농부무에서 발표하는 가이드라인이다. 역시 정부 주도하에 전문가들이 작성한다. 구글에서 검색을 통해 쉽게 다운로드 받을 수 있다. 이 내용을 참고한 이유는 간단하다. 미국에서 영양 섭취와 관련해서 가장 많은 역학 연구가 진행되고 있는데다 본문에서 설명할 첨가당, 트랜스지방, 포화지방 과다섭취는 주로 미국에서 많기 때문이다.

이외에 '이상지질혈증 치료지침(2015년 제3판)', '비만치료 지침(2012년)', 세

---

1 한국 영양학회(http://kns.or.kr/FileRoom/FileRoom_view.asp?idx=79&BoardID=Kdr / 보건복지부 홈페이지 접속 후, 정보 〉 발간자료 〉 에서 '한국인 영양소 섭취기준'으로 검색) 참고로 이 책에서 가장 우선적으로 참고한 자료라고 할 수 있다.

계 보건 기구WHO및 세계 식량 기구FAO에서 내놓은 Fruit and Vegetables for Health을 비롯한 WHO/FAO 합동 가이드라인 등이 주로 참고한 내용이다.

해외 학회 가이드라인 가운데서는 2013년 미국 심장협회 및 심장학회 권고안(2013 AHA/ACC Guideline on Lifestyle Management to Reduce Cardiovascular Risk), 그리고 유럽 심장 학회 학동 권고안(2016 European Guidelines on cardiovascular disease prevention in clinical practice)이 가장 많이 참조한 내용이다. 동시에 미국 당뇨 협회ADA의 2016년 표준 당뇨 치료 기준(Standards of medical care in diabetes - 2016)과 미국 암학회ACS의 2012년 암 예방을 위한 영양 및 신체활동 가이드라인(American Cancer Society Guidelines on Nutrition and Physical Activity for Cancer Prevention)의 내용도 참조했다.

이 내용들은 모두 무료로 받을 수 있으니 한번 참고하는 것도 좋을 것이다. 다만 가이드라인들은 해당 분야 전공자가 아니라면 좀처럼 알기 어려운 전문 지식으로 되어 있다.

이 책에서는 여러 역학 연구를 참조했는데, 이 모두를 소개하기는 지면상 어려울 것이다. 하지만 중요한 몇 가지 연구가 어떻게 진행되었는지 설명한다면 앞으로 내용을 이해하는 데 도움이 될 수 있다. 보통 포화지방, 트랜스지방, 첨가당 등을 많이 섭취하는 것은 단기적으로는 큰 영향이 없으며 주로 장기적으로 영향을 미친다. 그래서 이들이 모두 심혈관 질환과 사망률 증가의 원인이 될 수도 있지만, 이를 검증하는 일은 간단하지 않다. 콜레라의 원인은 모두 콜레라지만 심근 경색의 위험인자는 운동부족, 비만, 심리적 스트레스, 흡연, 과도한 음주, 트랜스지방 섭취 등 아주 여러 가지 원인이 있을 수 있기 때문이다. 더구나 콜레라균의 감염과 콜레라 증상 발현까지는 비교적 짧은 시간이 걸리지만, 심근 경색은 위험인자와 질병 발병까지 걸리는 시간이 매우 길어 심지어 10~20년이 될 수도 있다. 따라서 이를 검증하는 과정은 매우 까다로운 역학 연구를 필요로 한다.

가장 확실한 역학연구 방법은 평범한 인구 집단(적어도 수천 명에서 요즘은 수만에서 수십만 명을 대상으로 진행한다)을 대상으로 질병이 없는 상태에서 시간이 지남에 따라 질병이 생기는 빈도와 사망률을 관찰하는 것이다. 연구 집단에서 정확한 원인을 밝히기 위해서 흡연, 음주, 식생활 습관(대개 인터뷰나 설문 조사를 한다), 혈액 검사, 기타 장치 검사, 키 체중 같은 건강 관련 정보를 수집한다. 첨가당을 많이 먹는 경우 당뇨가 잘 생긴다는 가설을 검증하려면 첨가당 섭취량에 따라 그룹을 나누고 5~10년에 걸쳐 새로운 비만 환자가 어느 쪽에서 잘 생기는지 보면 될 것이다.

하지만 그래도 문제가 없는 것은 아니다. 시간이 길어지다 보면 연락이 두절되는 참가자가 나올 수도 있다. 그리고 당뇨 역시 한 가지 이유로만 생기지 않는다. 따라서 연구자들은 통계적 기법을 이용해서 당뇨를 일으킬 수 있는 다른 여러 가지 요인들을 통제한다. 이를 통해 첨가당 과량 섭취가 당뇨의 독립적인 위험 인자independent risk factor임을 밝히는 것이다. 구체적인 통계적 기법을 설명하는 것은 이 책의 범위를 한참 벗어나는 일이므로 생략하지만, 이런 연구를 통해서 식생활 습관이 어떻게 당뇨, 고혈압, 대사증후군, 심혈관 질환, 사망률 증가를 일으키는지 밝혀져 있다.

이런 형태의 장기 역학 연구 중에서 가장 중요한 연구 중 하나로 미국에서 진행된 간호사 건강 연구(Nurses' Health Study. 이하 NHS)를 들 수 있다. NHS는 1976년 121,700명의 간호사를 대상으로 생활 습관 및 식생활 습관이 건강에 미치는 영향을 조사하기 위해 시작되었다. 당시 간호사는 대부분 여성이었으므로 참가자들은 모두 여성이었다. 간호사를 대상으로 한 이유는 해당 연구에 대한 충분한 이해와 전문 지식이 있으므로 적극적인 협조는 물론 정확한 데이터 수집이 용이하기 때문이다. 30~63세 사이의 여성들이 자발적으로 참가한 이 연구에서 각종 질병 및 건강 데이터와 더불어 4년 간격으로 식생활 습관이 매우 상세한 설문 조사를 통해서 확인되었다. 그리고 이들이 암과 심혈관 질환 같은 주요 질병 및 사망 원인에 대한 데이터가 모아졌다. NHS는 1989년 2기 연구에서 추가로 11만 명 이상의 간호사가 참가했으며 이를 구분하여 NHS II라고 부른다. 현재 NHS III 연구에 참가할 간호사를 모으는 중이며 총 참여자수가 28만 명에 이르는 거대한 역학 연구이다. 하버드 대학을 비롯하여 여러 대학과 병원의 임상의, 역학자, 통계학자들이 이 연구에 참여해서 데이터를 수집하고 분석하고 있다.[2]

NHS가 수많은 간호사와 학자들의 참여를 통해서 이뤄낸 큰 성과이긴 하지만, 여성만 대상으로 했다는 단점이 존재한다. 따라서 이에 맞춰 남성 집단에서도 역학 연구가 진행되었는데, 1986년부터 시작된 의료 전문가 추적 연구(Health Professionals Follow-Up Study, 이하 HPFS)가 그것이다. 이 연구에는 5만 명 이상의 의료 전문가 남성이 참여했는데, 하버드 대학이 주도하고 미 국립 암센터가 지원하는 연구다. NHS에 비해서 상대적으로 참가자 수가 적기는 하지만, 역시 식생활 패턴과 심혈관 질환, 암, 전체 사망률을 장기간 관측한 몇 안 되는 대규모 연구 가운데 하나로 종종 NHS와 함께 데이터가 분석된다.[3]

이 두 연구는 비교대상을 찾기 힘들만큼 대규모로 장기간 식생활에 따른

---

2 홈페이지 http://www.nurseshealthstudy.org/
3 홈페이지 https://www.hsph.harvard.edu/hpfs/

질병 및 사망원인을 찾은 역학 연구이다. 참가자들이 모두 의료 전문가로 연구의 목적을 정확하게 이해하고 협조가 용이할 뿐 아니라 장기간 탈락하지 않고 연구에 협조하고 있다. 이렇게 나온 연구 데이터는 해당 분야의 최고 전문가들이 모여 수집하고 분석한다. 하지만 그래도 편향(bias, 연구 결과가 실제 사실과 다르게 나타나게 만드는 요인)이 있을 가능성은 충분하다. 대상자가 의료 전문가이기 때문에 이들의 평균 소득은 평균적인 미국인보다 높다. 여기에 의료 기관 이용이 쉽고 용이해서 질병을 빨리 발견해서 치료받을 가능성이 크다. 즉 참가자가 평균적인 미국인을 대변한다고 보기 어려울 수 있다.

유럽 10개국에서 50만 명 이상이 참여한 또 다른 대규모 코호트 연구인 에픽European Prospective Investigation into Cancer and Nutrition(EPIC)연구의 경우 의료 전문가가 아닌 일반인을 포함한 장점이 있다. 하지만 NHS 대비 기간이 짧고 여러 언어로 된 설문지로 다양한 시기에 데이터를 수집해서 아무래도 데이터 신뢰도가 약간 떨어질 수 있다. 인구 집단 – 프랑스, 덴마크, 독일, 영국, 이탈리아, 그리스, 스페인, 노르웨이 – 의 문화 및 식생활 패턴이 서로 다른 것 역시 영향을 주었을 수 있다. 하지만 이 연구는 NHS에서 볼 수 없는 특징을 지닌 중요한 연구다. 인종 및 식생활 문화의 차이(남유럽과 북유럽)에도 불구하고 공통적으로 존재하는 위험 요인을 밝힐 수 있는 독보적인 연구이기 때문이다. 이 책에서는 이 연구들을 포함해서 여러 역학 및 실험 연구를 언급하게 될 것이다. 이 책에서는 NHS나 에픽처럼 유명한 연구 결과도 소개하지만, 가급적 다양한 연구 결과를 소개해 한쪽으로 결과가 치우치는 일을 피하기 위해 노력했다.

흥미로운 사실은 이런 연구 간에 여러 차이와 직업, 국적, 인종 등 여러 가지 변수를 보정해도 이 연구들의 결과가 항상 일치하지 않는다는 것이다. 앞으로 본문에서 설명하겠지만, 같은 이슈에 대해 다른 결과가 나오는 경우가 드물지 않다. 이유가 무엇일까? 사람을 대상으로 한 연구는 실험동물처럼 강제적으로 진행할 수가 없다. 만약 심혈관 질환을 일으킬 수 있는 포화지방의 정확한 농도를 측정하기 위해 대상자에게 정해진 양의 포화지방이 든 식사를 30년 간 강요한다면 그것 자체로 큰 문제가 될 것이다. 인간은 실험동물이 아니기 때문이다. 더구나 포화지방이 심혈관 질환의 위험도를 높인다는 점을 생각하면 사실상 나치의 인체실험이나 다를 바 없는 실험이다. 결국 설문 조사를 통해서 계산을 해야 하는데, 이 방식 자체가 문제가 될 수 있다. 식품섭취 빈도 조사지Food Frequency Questionnaire, FFQ는 어떤 음식을 얼마나 먹는지 설문 조사를 하는 것이다. 그런데 이 과정에서 정확하게 답변이 이뤄지기 어려울 수 있다. 사람의 기억에 의존하는 조사는 아무래도 많은 측정오차를 포함하게 마련이다. 따라서 다양한 동물실험 결과는 물론 비교적 짧은 기간 동안 식이를 강제로 조정하는 임상 연구도 같이 진행해야 더 정확한 결과를 얻을 수 있다.

한 가지 아쉬운 점은 아직 국내에서는 위에서 설명한 연구처럼 식생활 패턴과 장기간의 질병 및 사망률 변화를 본 대규모 연구가 아직 부족하다는 것이다. 하지만 국내에서 진행되는 대규모 연구가 없는 것은 아니다. 국민건강영양조사는 국민건강증진법에 따른 국가조사로 매년 한국인을 대표할 수 있는 대상자를 선정해서 식생활 습관 및 건강 관련 자료를 모으고 있다. 오랜 시간 변화를 보는 연구가 아닌 단면 연구(한 시점에서 조사를 하는 것)라는 단점은 있으나 한국인이 식생활 패턴을 알 수 있는 가장 중요한 자료다. 물론 이 책에서도 가장 흔하게 인용할 자료 중 하나다.

이 책을 쓰면서 알게 된 사실은 식품 영양성분이 출처마다 차이가 있다는 것이다. 그런데 출처에 따라 수치가 다르다고 어느 하나가 틀린 것은 아니다. 사실 같은 쌀이라도 품종과 도정의 정도에 따라서 약간씩 성분이 달라질 수 있다. 하지만 독자에게 혼동을 피하기 위해서 가능한 이 책에서는 농촌진흥청이 발간한 '식품성분표(8판)'을 기준으로 설명할 계획이다. 우리나라에서 일반적으로 식품성분을 표기할 때 기본이 되는 자료일 뿐 아니라 국내에서 판매되는 식품을 기준으로 하고 있어 가장 적합한 자료로 생각된다. 참고로 국가표준 식품성분표 검색은 농촌진흥청 국립농업 과학원 사이트[4]에서 할 수 있다.

참고하는 방법은 위의 링크를 입력하거나 혹은 농식품 종합정보 시스템으로 검색해서 국가 표준 식품성분표 검색을 클릭하는 것이다. 예를 들어 식품명 검색에서 사과를 입력하면 다양한 품종과 사과를 이용한 가공식품의 명칭이 나올 것이다. 이중 원하는 것의 성분표를 보면 각 식품의 영양구성을 알 수 있다.

---

4 http://koreanfood.rda.go.kr/kfi/fct/fctFoodSrch/list 참조

⦿기본검색 ⦾전문검색   ㄱ ㄴ ㄷ ㄹ ㅁ ㅂ ㅅ ㅇ ㅈ ㅊ ㅋ ㅌ ㅍ ㅎ

식품명   사과

🔍 검색

● 총 글수 : 13건, 페이지수 : 1/2   ✔ 선택보기

☐선택	식품군	식품명	상태	성분보기
☐	곡류 및 그 제품	밀 가공(과자류), 사과파이	해당없음	🔍
☐	과일류	사과, 부사(후지), 생것	생것	🔍
☐	과일류	사과, 아오리, 생것	생것	🔍
☐	과일류	사과, 홍옥, 생것	생것	🔍
☐	과일류	사과, 마른것	마른것	🔍
☐	과일류	사과 가공, 백탁	해당없음	🔍
☐	과일류	사과 가공(기타), 잼	해당없음	🔍
☐	과일류	사과 가공, 농축과즙주스	해당없음	🔍
☐	과일류	사과 가공, 주스, 무가당	해당없음	🔍
☐	과일류	사과 가공, 주스, 가당	해당없음	🔍

《 ‹ 이전 1 2 다음 › 》

그런데 안타깝게도 여기에서 모든 데이터를 찾을 수가 없는 경우가 있다. 이런 경우 참조할 가장 좋은 출처는 가장 상세한 데이터를 지닌 미 농무부 사이트이다. https://ndb.nal.usda.gov/ndb/search/list에서 검색이 가능하다. 종류가 매우 다양해서 검색할 경우에는 Standard Reference를 선택

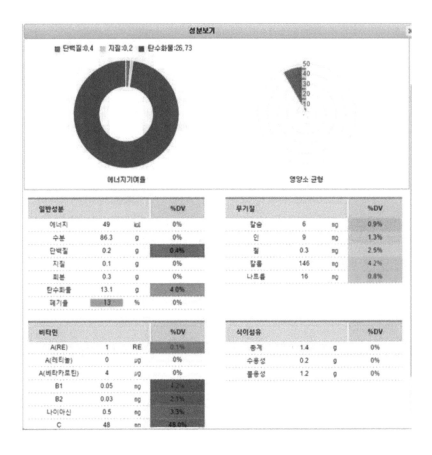

■ 단백질:0.4　ㅤ 지질:0.2　■ 탄수화물:26.73

에너지기여율

영양소 균형

일반성분			%DV
에너지	49	kcal	0%
수분	86.3	g	0%
단백질	0.2	g	0.4%
지질	0.1	g	0%
회분	0.3	g	0%
탄수화물	13.1	g	4.0%
폐기율	13	%	0%

무기질			%DV
칼슘	6	mg	0.9%
인	9	mg	1.3%
철	0.3	mg	2.5%
칼륨	146	mg	4.2%
나트륨	16	mg	0.8%

비타민			%DV
A(RE)	1	RE	0.1%
A(레티놀)	0	μg	0%
A(베타카로틴)	4	μg	0%
B1	0.05	mg	4.2%
B2	0.03	mg	2.1%
나이아신	0.5	mg	3.3%
C	48	mg	48.0%

식이섬유			%DV
총계	1.4	g	0%
수용성	0.2	g	0%
불용성	1.2	g	0%

해서 찾아보는 것이 좋을 것 같다. 참고로 위키피디아 영문판도 이 데이터 베이스를 이용하고 있다. 따라서 이 자료를 참조하는 것도 좋은 아이디어 다.

본론에 앞서 한 가지 고백을 하자면 사실 필자야말로 가이드라인과 동떨 어진 생활 습관을 가진 사람이라고 할 수 있다. 어린 시절부터 과자류는 물 론 라면류를 주식처럼 먹은 데다 온갖 패스트푸드를 그 시절부터 두루 섭 렵했다. 가당 음료의 경우 기회만 되면 물 대신 마셨다. 이런 음식에 입맛 을 맞추면 사실 정상 체중을 유지하기 매우 힘들다. 한때 필자의 체중은

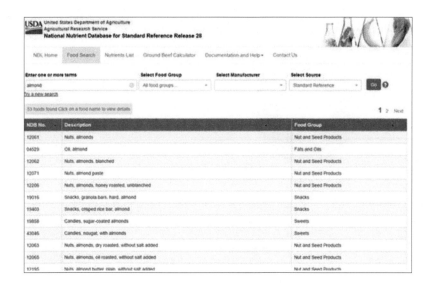

100kg를 넘은 적도 있었다. 이후 심각한 문제라는 사실을 인지하고 살을 빼서 지금은 그 정도는 아니지만, 여전히 한 번 늘어난 체중은 정상으로 쉽게 돌아가지 않는다. 여기에 기름지고 달달한 음식에 맞춰진 입맛 역시 필자를 괴롭게 만드는 요인이다. 역설적이지만 필자가 직접 이 문제를 겪었기 때문에 이렇게 책으로 여러 사람에게 그 위험성을 경고해야 한다고 생각한다.

탄수화물,
우리가 먹는 주식

- 저탄수화물 vs 고탄수화물 식이. 어떤게 맞을까? •
- 액상 과당이 더 위험하다? •
- 과일 속의 과당도 피하는 게 좋을까? •

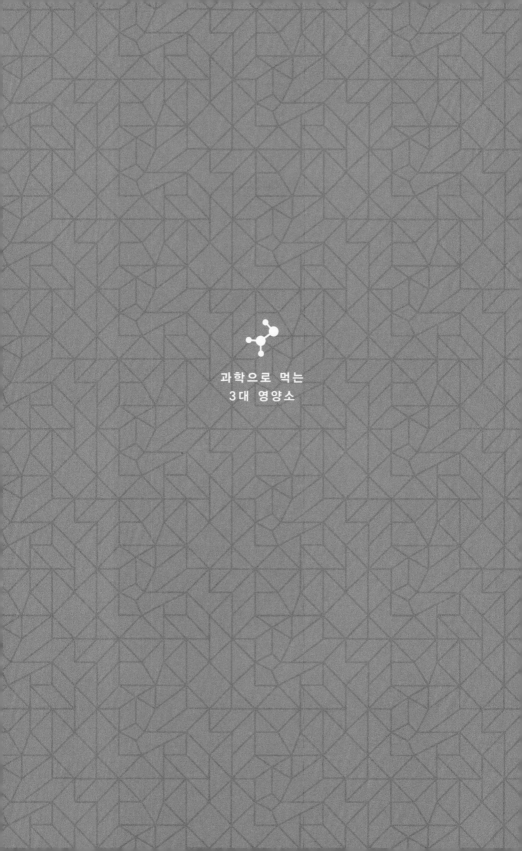

과학으로 먹는
3대 영양소

01

이번 장에서
다룰 이야기

      탄수화물, 단백질, 지방은 3대 영양소라고 부른다. 우리는 이 세 가지 형태로 에너지를 섭취하기 때문이다. 물론 이것 이외에 물과 비타민, 미량원소 등도 생명을 유지하는데 필요하다. 그러나 에너지 공급의 중심이라고 하면 역시 이 세 가지다. 특히 탄수화물은 일반적으로 가장 많은 열량을 공급할 뿐 아니라 한국인의 주식인 밥과 깊은 연관성이 있는 만큼 이 책의 첫 번째 주제로 적합하다. 앞으로 설명하겠지만 평균적인 한국인은 전체 열량 섭취의 2/3 이상을 탄수화물에 의존한다.

  대개 가공식품은 그 영양성분을 겉면에 표시하도록 되어 있다. 영양표시제도는 1995년 이후 도입되어 소비자에게 정확한 영양 정보를 제공하고 있지만, 사실 대다수 사람들

이 1회 제공량 열량^{kcal} 이외의 정보에 대해서는 잘 모르고 있는 경우가 많다. 통상 총열량 아래는 탄수화물, 단백질, 지방, 콜레스테롤, 나트륨 등에 대한 표시가 되어 있다. 그리고 탄수화물 아래에는 당류가 따로 표시되어 있다. 그런데 이 차이를 알고 있는 소비자가 얼마나 많을까?

| 그림 · 식품 영양표시 |

이 장을 끝까지 읽고 이해했다면 왜 당류를 따로 표시하는지, 그리고 하루 먹어야 하는 당류의 권장량은 얼마인지에 대해서 독자 스스로 판단할 수 있을 것이다. 사실 이 부분이 이 장에서 가장 중요한 내용이다. 결론을 미리 말하면 첨가당은 전체 열량 섭취에서 10%, 총당류는 10~20% 수준으로 조절해야 한다.

동시에 탄수화물 자체는 안전하기는 하지만 이것이 대부분의 열량을 탄수화물로 섭취하는 것이 바람직하다는 이야기는 아니다. 이 장에서는 탄수화물 섭취 권장량의 과학적 근거와 더불어 많이 먹거나 적게 먹으면 어떤 문제가 생기는지도 같이 설명할 것이다. 그리고 밥 이야기에서 잡곡밥이 더 유리한 이유 역시 빠질 수 없을 것이다.

가당 음료의 위험성이 커지면서 인공 감미료를 사용한 음료가 늘고 있다. 인공 감미료의 안전성에 대한 것 역시 이 장에서 다룰 이야기다. 그 외에 올리고당 이야기와 과일에 대한 이야기도 후식처럼 곁들일 것이다. 식이 섬유는 사실 탄수화물의 일종인데, 우리가 소화시키지 못하는 것이다. 이 이야기도 들어있다.

우선 이 장의 주인공부터 이야기 해보자.

02

탄수화물과 당, 어떻게 다를까?

　　탄수화물^{Carbohydrate}이란 포도당 같은 단순한 당류에서 녹말이나 셀룰로스까지 복잡한 당류까지 포함한 단어이다. 화학식으로는 $C_n(H_2O)_n$이다. (앞으로 C는 탄소, H는 수소, O는 산소, N은 질소를 표시하는 약자로 사용할 것이다. 괄호 옆에 있는 n은 1,2,3,4…처럼 다양한 숫자를 의미한다.) 물론 이외에도 다양한 원자가 탄화수소에 들어갈 수 있으나 주로 들어가는 구성 성분은 이름처럼 탄소(C)와 수소(H)이다. 중고등학교 화학 시간에 배운 내용을 떠올리면 탄소는 최대 4개의 원자와 결합이 가능하다. 따라서 탄소를 여럿 연결하면 복잡한 구조의 분자를 쉽게 만들 수 있다. 탄소에는 다

른 탄소나 혹은 우주에서 가장 흔한 원자인 수소가 결합하는 경우가 많다. 따라서 탄화수소는 자연계에서 아주 흔하게 볼 수 있다. 탄수화물은 그 중에서 생명체가 영양

분으로 삼을 수 있는 분자를 의미한다.

탄수화물과 다소 다른 의미지만 넓은 의미로 혼용되어 혼란을 일으키는 단어가 바로 당sugar 혹은 당류saccharide다. 탄수화물은 그렇다 쳐도 당류라는 단어의 정의를 정확하게 알고 있는 경우는 드물다. 백과사전에서 찾아보면 당은 일반적으로 설탕을 의미하기도 하지만, 화학적으로는 물에 녹았을 때 단맛을 내는 물질을 모두 포함해서 말한다. 영문판 위키피디아에서는 당이 단맛을 내는 탄수화물로 다양한 단당류monosaccharide, 이당류disaccharide, 그리고 다당류(polysaccharide, 주로는 뒤에 설명할 올리고당이다) 등을 총칭하는 단어로 나와 있다.

쉽게 말하면 탄수화물 가운데 구조가 단순하고 단맛이 나는 물질을 당이라고 한다. 따라서 당류는 모두 탄수화물이지만, 모든 탄수화물은 당류가 아니기 때문에 그 중 일부만 단맛이 난다. 이점은 우리가 매일 밥을 먹으면서 확인하는 내용이다. 밥에 있는 녹말 혹은 전분은 이당류인 맥아당으로 분해되기 전까지는 단맛이 나지 않는다. 빵 역시 마찬가지다. 우리는 탄수화물 중에서 작은 크기의 분자로 단맛이 날 때 당류saccharide라고 부른다. 물론 정의에 따라서 넓은 의미의 동의어로 보는 경우도 있지만, 이것이 첨가당을 많이 섭취하면 안 된다는 경고를 잘못 이해해서 탄수화물 섭취를 줄여야 한다는 의미로 해석할 수 있기 때문에 이 책에서는 이를 분명하게 구분할 것이다. 노파심에서 말하면 다른 책이나 교재에서 당류와 탄수화물을 거의 비슷한 의미로 설명했다고 잘못된 것이 아니다. 이 점은 오해 없기 바란다. 참고로 이 책이 설명의 기준으로 삼은 2015 한국인 영양섭취기준에서도 탄수화물과 당류를 각각 다른 장에서 설명한다. 이 가이드라인에서 당류는 단당류와 이당류를 통칭하는 개념으로 나오며 탄수화물은 다당류

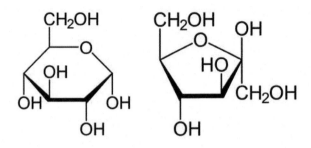

| 포도당(왼쪽)와 과당(오른쪽) 분자의 구조 |

까지 포함한 더 큰 범위로 설명한다. 실제 식품 영양 정보에서도 이런 식으로 탄수화물과 당류를 구분한다.

당류에서 가장 기본이 되는 것은 단당류이다. 나머지 당류는 단당류가 여러 개 모인 것이기 때문이다. 단당류는 대개 화학식으로는 $C_nH_{2n}O_n$으로 나타낼 수 있는데, 예를 들어 n=6이면 $C_6H_{12}O_6$인 글루코스glucose가 되는 셈이다. 글루코스는 생명체에 대단히 중요한 당으로 생물학이나 생화학, 화학 시간에 아주 흔하게 접하는 분자 가운데 하나다. D와 L형의 광학 이성질체 가운데 D형이 생명체에 사용되며 이를 포도당이라고 부르기도 하는데, 광합성의 주요 생산물이면서 인간을 포함한 많은 생명체에서 가장 중요한 에너지 원이다. 아무래도 글루코스라고 하면 좀 어렵게 다가오니 앞으로는 포도당으로 통일하겠다.

포도당은 1g당 3.75Kcal 혹은 16KJ(킬로줄)의 에너지를 가지고 있다. 그런데 사실 포도당이 그 자체로 에너지가 되는 건 아니다. 세포에서 더 쉽게 사용할 수 있는 작은 단위로 전환해야 한다. 이 과정은 수표를 지폐나 동전으로 바꿔 사용하는 것과 같다. 포도당이 가진 에너지는 복잡한 과정을 거쳐 ATP(아데노신 삼인산)라는 에너지 물질로 바뀐다. ATP는 모든 생명체에서 가장 기본적인 에너지 전달 물질로 탄수화물, 단백질, 지방 어느 것을 섭취해도 결국은 ATP 형태로 세포 안에서 사용된다.

앞서 설명했듯이 이 책은 복잡한 생화학적 설명은 가능한 제외했다. 하지만 여기서 한 가지 내용은 설명해야 할 것 같다. 포도당이 ATP를 만드는 과정은 크게 2단계로 나뉜다. 포도당은 우선 해당과정glycolysis라는 과정을 거쳐 더 작은 분자로 나뉜다. 해당과정을 통해 두 개의 피루브산이 되면서 2개의 ATP를 만드는 것이다. 이 과정은 산소의 도움이 없이도 가능해서 산소로 호흡을 하지 않는 박테리아 등에서도 볼 수 있다.

그러나 인간을 비롯한 고등한 생물들은 더 많은 에너지를 필요로 하므로 피루브산과 나머지 부산물에서 에너지를 더 짜낸다. 이 과정은 산소를 필요로 하며 세포내 발전소로 불리는 미토콘드리아에서 일어난다. 이를 담당하는 것은 TCA$^{TriCarboxylic Acid Cycle}$회로와 전자 전달계로 이 단계까지 거치면 하나의 포도당이 30~32개의 ATP를 만들 수 있다.

해당 과정이나 TCA 사이클, 전자 전달계는 모두 복잡한 생화학 과정이라 이를 모두 설명하는 것은 교과서가 아닌 대중 과학 서적에서는 다소 복잡하고 어려운 일이 될 것이다. (그래서 책을 처음 집필했을 때는 포함되어 있었지만 결국 생략했다.) 만약 궁금한 독자가 있다면 검색을 통해서 추가 정보를 얻을 수 있을 것이다.

물론 당류에는 포도당만 있는 게 아니다. 탄소의 수에 따라서 단당류도 오탄당(리보스, 자일로스 등), 육탄당(포도당, 과당, 갈락토스 등) 여러 종류로 나눌 수 있다. 그리고 분자식이 $C_6H_{12}O_6$이라고 다 포도당인 것도 아니다. 사실 앞으로 언급할 중요한 당인 과당^{Fructose} 역시 분자식이 똑같다. 단지 분자 구조가 다르다.

과당은 이름처럼 과일에 풍부하다. 그런데 사실 과당은 단독으로 존재하는 형태보다 포도당과 같이 존재하는 경우가 더 흔하다. 과당이 포도당과 함께 결합하면 수크로스Sucrose, 즉 설탕(sugar, 자당)이 된다. 설탕의 분자식은 $C_{12}H_{22}O_{11}$이다. 혹시 뭔가 이상한 걸 느꼈다면 정상이다. 이 분자식에서는 수소 원자 두 개와 산소 원자 하나가 빠졌는데, 이는 축합 반응(condensation reaction. 화학 반응에서 작은 분자가 떨어져 나가면서 결합하는 것. 주로는 물 분자가 빠져나간다)을 통해 물 분자^{H_2O}가 빠져나갔기 때문이다. 이렇게 두 개의 단당류가 결합하면 이제 이당류dissacharide가 된다. 반대로 물 분자를 더해 단당류로 만드는 과정은 가수분해라고 한다.

이당류 가운데는 우리에게 이름부터 친숙한 것들이 많다. 설탕은 일단 당류의 대명사이며 유구한 역사를 자랑하는 천연 감미료이다. 그 원료인 사탕수수의 기원은 확실치 않지만, 기원전 수천 년 전 인도에서 작물화 되

| 사탕수수와 정제당. 출처: 호주 연방과학원 (CSIRO) |

었던 것 같다. 물론 초기에는 순수한 설탕만 정제할 수 있는 기술이 없어 사탕수수를 씹어 단물을 빨아먹는 방식으로 섭취했다. BC 327년에 알렉산더 휘하의 장군이 인도를 방문했을 때 인도인들이 벌의 도움 없이 수수의 줄기에서 직접 꿀을 만들고 있다면서 놀라워했는데, 아마도 사탕수수를 이야기하는 것으로 보인다.

정확히 언제부터 사탕수수를 이용해서 우리가 아는 형태의 설탕을 만들었는지는 확실하지 않지만, 기원전으로 거슬러 올라간다는 주장도 있다. 분명한 것은 설탕이 중요한 기호품이 되면서 수요가 증가해서 근세 이후 대규모로 생산되었다는 것이다. 신대륙을 점령한 서구 열강들이 식민지에서 사탕수수 플랜테이션 농업을 통해 설탕을 대량으로 생산했는데, 이 과정에서 수많은 노예와 원주민이 고통을 겪어야 했다. 달지만은 않은 설탕의 역사인 셈이다.

설탕 이외에 이당류에서 우리에게 중요한 것으로 젖당(lactose, 혹은 유당)이 있다. 유당은 이름처럼 포유동물에 젖에 포함된 이당류로 갈락토오스 한 개와 포도당 한 개가 결합한 이당류다. 식품에 인위적으로 첨가하기 보다는 우유나 모유에 포함되어 있는데, 본래 성체가 된 포유동물을 이를 분해하는 효소가 없거나 활성이 크게 떨어져서 소화를 못 시킨다. 젖당은 한국 성인에서 주된 영양소가 아니기 때문에 이 책에서는 설명을 생략했다.

그 외에 우리에게 친숙한 이당류로 맥아당 maltose이 있다. 두 개의 포도당 분자가 결합한 맥아당은 물엿의 주요 성분으로 맥아 麥芽란 보리의 싹을 의미한다. 단맛은 설탕의 1/3 정도지만 중요한 식재료 가운데 하나다. 사실 맥아당은 우리가 밥을 먹을 때 잘 씹으면 맛볼 수 있는 이당류이기도 하다. 침 속에 있는 아밀라아제(amylase, 아밀레이스)가 녹말을 맥아당으로 분해하기 때문이다.

이당류보다 더 많은 단당류가 결합하면 다당류가 된다. 우리가 먹는 대표적인 다당류가 바로 녹말(starch, 혹은 전분)이다. 우리가 월급을 받으면 보통 바로 다 쓰지 않고 남는 돈이 있으면 은행에 저축을 하는 것처럼(물론 아닐 수도 있다) 식물이 광합성을 통해서 포도당을 만들면 나중을 위해서 저장을 하게 된다. 이 과정에서 각각의 포도당 분자를 연결시켜 거대 분자를 만드는데, 이 탄수화물 분자가 바로 녹말인 것이다. 앞서 언급했듯이 각각의 분자를 연결시키면 그 과정에서 물 분자 하나가 빠져나가므로 녹말 분자는 $(C6H10O5)n$의 형태가 된다.

식물에서 녹말이 중요한 다당류 탄수화물이라면 동물에서는 글리코겐 Glycogen이 중요한 다당류 탄수화물 분자다. 글리코겐의 역할 역시 녹말과 동일하다. 동물에서 에너지 저장 용도로 사용된다. 하지만 식물과는 달리 동물은 글리코겐의 비축량이 그렇게 많지 않다. 그래서 우리가 고기를 먹으면 탄수화물 섭취는 별로 못하는 것이다. 왜 그럴까? 이유는 간단하다. 동물에는 지방이라는 더 좋은 에너지 저장 수단이 있기 때문이다. 지방의 에너지 저장량은 탄수화물의 2배가 넘는다. 자주 이동해야 하는 동물은 몸이 가벼워야 편리하다. 그래도 동물은 바로 사용할 수 있는 잔돈처럼 약간의 글리코겐을 근육에 저장한다. 그런데 근육에 저장된 글리코겐은 근육 중량의 1~2%에 불과하다. 따라서 어딘가 글리코겐을 공급할 다른 장기가 필요하다. 그 역할은 간이 한다. 보통 간의 기능이라고 하면 너도 나도 해독기능부터 떠올린다. 물론 그것도 맞는 이야기지만, 간이 하는 중요한 기능 중 하나는 바로 에너지를 저장하고 혈당을 유지하는 것이다. 따라서 상당량의 글리코겐 저장은 물론이고 당 자체를 간에서 만든다.

여기까지 일단 이번 챕터의 주인공들을 소개했다. 당연한 이야기지만, 당류의 종류는 지금 소개한 것보다 훨씬 많다. 하지만 우리는 지면 관계상 주연급만 보고 넘어갈 것이다.

참고로 당류의 단맛은 종류에 따라 매우 큰 차이를 보인다. 앞에서 설명한 당류들의 단맛을 설탕의 단맛을 100%로 놓고 비교하면 과당이 170%, 포도당이 70%, 맥아당이 40%, 유당이 20% 정도다. 올리고당은 40~75%이다. 본문에서 설명하지 않았지만, 당알코올이라는 천연 감미료도 존재하는데, 솔비톨(60%), 만니톨(70%), 자일리톨(90%)이 그것이다. 당알코올류는 충치를 만들지 않고 혈당 지수가 낮아 당뇨 환자 혹은 무가당 껌에 사용된다. 아마도 국내에선 광고 덕분에 자일리톨이 가장 친숙한 종류일 것이다.

03
당은 반드시
필요한 존재

포도당은 인간을 포함한 모든 생명체에서 매우 중요한 에너지원이다. 포도당은 모든 세포에서 에너지원으로 사용될 수 있는데, 특히 뇌에서 주요 에너지원으로 사용된다. 그래서 혈액 속에는 항상 일정 농도 이상의 포도당이 존재하며 이를 혈당Blood Sugar이라고 부른다. 사실 우리는 보통 혈당이 높아지는 질환인 당뇨병에 먼저 주목하지만, 진짜로 무서운 경우는 저혈당이다. 혈당이 높다고 바로 죽지는 않지만, 혈당이 떨어지면 금방 생명이 위험해진다(참고로 혈당은 혈액 100ml 중 존재하는 포도당의 양(mg)으로 표시한다. 100ml 중 100mg이 존재하면 100mg/dl인 것이다. 정상 범위는 공복 시 70~100mg/dl 정도다).

일반적으로 공복상태에서 혈당이 50mg/dl 이하면 중추 신경계에 이상이 오면서 저혈당으로 보는데, 당뇨 환자는 이보다 더 높은 혈당에서도 저혈당 증상이 나타날 수 있다. 저혈당의 무서운 부분은 바로 뇌의 에너지 공급이 줄어들어 의식을 잃거나 심한 경우 생명이 위험하기 때문이다. 그래서 일정 혈당을 유지하기 위한 안전장치가 있다. 우선 급한 대로 간에서 글리코겐을 분해해 당을 방출하고 그게 다 떨어지면 당을 만든다.

포도당 분해하는 해당과정과는 반대로 에너지를 소비해서 당을 합성하는 것을 포도당 신생합성Gluconeogenesis라고 한다. 이 대사 과정은 동물, 식물, 박테리아까지 매우 다양한 생물에서 볼 수 있는데, 척추동물의 경우 대부분 간에서 일어난다(일부 콩팥에서 일어나는 경우도 있다). 단백질이나 지방을 원료로 당을 굳이 만드는 이유는 물론 그만큼 중요하기 때문이다. 일정 혈당을 유지 못하면 사람이든 동물이든 결국 의식을 잃고 죽게 된다. 그래서 혈당을 내리는 호르몬은 인슐린 하나지만, 혈당을 오르게 만드는 호르몬은 글루카곤을 비롯해서 코르티솔, 성장호르몬, 카테콜라민 등 여러 가지다.

하지만 그렇다고 당이 많으면 무조건 좋다는 이야기가 아니다. 혈당이 너무 높아지면 이제는 반대로 고혈당 때문에 문제가 발생한다. 쉽게 말해서 당뇨가 생긴다. 당뇨가 왜 위험한지는 굳이 길게 설명할 필요가 없을 것이다.

04

설탕,
그리고 액상과당

설탕(여기서는 물론 앞서 언급했던 포도당 1분자와 과당 1분자가 결합한 이당류를 의미한다)은 본래 자연적으로 흔하게 존재하며 사실 매우 안전한 물건이다. 과당 같이 자연적으로 흔한 다른 당류도 마찬가지다. 미국 FDA를 비롯해서 세계 여러 나라의 식품 및 약물 관리 기구들은 이 물질을 일반적으로 안전한 물질GRAS: generally recognized as safe로 간주한다. 그런데 현대에 와서 설탕을 비롯한 첨가당(added sugar, 본래 음식에 들어 있지 않은 당류로 설탕이나 액상 과당처럼 첨가된 당류)이 위험한 물질로 변모하기 시작했다. 물론 이 물질 자체가 위험한 것이 아니라 인간이 과용했기 때문이다.

오래전 인류의 조상이 아프리카에서 진화했을 무렵, 과당 같은 단당류는 과일이나 꿀에서 맛볼 수 있었을 것이다. 물론 과일은 항상 먹을 수 있는 건 아니지만, 단맛과 더불어 영양학적으로 중요한 비타민과 식이섬유, 미량 영양소 등을 포함하고 있는 좋은 식품이었다. 단맛에 대한 우리의 선호는 당시에는 생존에 유리한 특징이었다. 우리는 단 음식에는 전혀 손을 대지 않았던 초기 호미닌(Hominin, 사람과에 속하는 여러 종의 동물. 물론 사람과 그 조상을 포함한다)의 후손이 아니라 이를 즐겨 먹은 이들의 후손일 것이다.

동시에 초기 인류는 다른 동물과 마찬가지로 항상 굶주림의 위기에 노출되어 있었다. 사냥이 잘되거나 주변에 먹을 것이 풍부할 때는 잘 먹을 수도 있었지만, 그렇지 못한 시기에는 굶주림은 단순히 고통을 넘어 죽느냐 사느냐의 문제가 되었다. 그런 만큼 일단 탄수화물, 지방, 단백질을 가리지 않고 일단 에너지를 확보했다면 쓰지 않은 에너지는 결코 낭비해서는 안 된다. 인간은 다른 생물과 마찬가지로 남는 에너지를 몸에 저축했는데, 자주 움직여야 하는 동물의 숙명으로 인해 대부분 지방의 형태로 에너지를 저장했다. 그래도 먹을 게 귀하던 시절 비만 인구는 매우 적었을 것이다.

이와 같은 인간의 특징은 20세기가 되기 전까지 생존에 매우 유리한 특징을 제공했다. 사실 산업 혁명시기에도 굶주리는 사람은 적지 않았다. 그런데 산업이 고도화되고 농업도 산업화되면서 이제 아주 소수에 불과한 농업 종사자가 막대한 식량을 생산해냈다. 부유한 국가에서는 곧 식량이 넘쳐났다. 하지만 그게 끝이 아니었다. 시장 경제가 발전하고 기업들이 치열한 경쟁을 벌이자 먹거리를 만드는 과정에도 시장경제의 원리인 경쟁이 도입되었다. 이제 기업들은 음료와 과자, 인스턴트식품, 패스트푸드에 첨가물의 형태로 당을 마구 넣기 시작했다. 물론 더 잘 팔렸기 때문이다. 우리는 그 맛에 금방 도취되었다. 과자, 음료수, 요거트, 초콜릿, 도넛, 아이스크림, 사탕, 케이크에 이르기까지 세상에 온갖 맛있는 음식에는 단맛이 나는 첨가당이 들어갔고 이제 적어도 우리 가운데 일부는 그것을 함부로 남용하고 있다. 물론 이는 당류를 제조할 수 있는 능력이 크게 발전했기 때문이다.

인류가 최초로 대량 생산한 당류는 설탕이다. 설탕은 사탕수수나 사탕무 같은 당료 작물sugar crop을 정제해서 얻는데 그 방식과 성분의 차이에 따라 다양한 이름이 있다. 사탕수수는 벼과에 속한 열대작물로 설탕의 가장 중요한 원료식물이다. 브라질과 인도가 최대 생산국으로 18.7억 톤(2015년)의 사탕수수 수확량 가운데 브라질에서만 7.4억 톤, 인도에서 3.4억 톤이 생산되었다. 참고로 이렇게 생산된 사탕수수는 모두 설탕으로 바뀌는 것이 아니라 일부는 바이오 에탄올로 변형되어 대체 연료로 사용된다. 사탕수수의 줄기 부분은 섬유질이 11~16%, 설탕 성분이 12~16%, 수분이 63~73% 수준으로 건조 중량의 상당량이 설탕이다. 이름 그대로 사탕수수인 셈이다. 사탕수수 줄기를 잘라서 분쇄한 후 즙을 추출하고 다시 불순물을 제거한 후 당밀(설탕을 분리하고 남은 물질)을 분리하고 정제하면 원료당raw sugar이 된다. 그런데 아직 원료당에는 불순물이 섞여 있어 황갈색으로 보인다. 여기서 더 용해와 재결정화를 거쳐 더 정제하면 백설탕이라고 부르는 정제당이 된다.

이렇게 대량 생산된 설탕은 여러 가지 음식과 음료에 들어가기 시작했

정제당(백설탕), 원료당, 흑설탕, 그리고 아직 정제하기 전 사탕수수 가루. (시계 방향)

다. 식품에 단맛을 첨가하는 데는 물론 초콜릿처럼 쓴맛을 지닌 식품의 맛을 없애는 데도 사용되었다. 그런데 수많은 식음료 회사가 시장에서 경쟁을 하다 보니 이것만 가지고 살아남기 어려웠다. 여기서 식음료 회사들을 위한 새로운 복음이 전파되었으

니, 바로 액상과당(HFCS, high fructose corn syrup, 정확한 명칭은 물론 고과당 옥수수 시럽이다)이다.

액상과당의 원료는 옥수수다. 옥수수에 있는 녹말을 효소로 분해시키면 포도당(단당류), 맥아당(이당류), 올리고당(다당류)로 분해된다. 이렇게 만든 콘 시럽은 달기는 하지만, 설탕물보다 더 달지는 않다. 그런데 다시 이를 효소로 처리해서 마법을 부릴 수 있다. 즉, 여기에 있는 당류들을 효소를 이용해서 과당으로 바꾸는 것이다. 이렇게 하면 포도당, 과당, 그리고 일부 올리고당으로 된 액상과당이 탄생한다. 액상과당은 이름처럼 녹은 과당을 이용하므로 아주 달고 맛있다. 더 중요한 것은 옥수수라는 아주 저렴한 작물을 원료로 삼으므로 가격이 저렴해 부담 없이 온갖 식품과 음료에 첨가할 수 있다는 것이다.

액상과당은 100% 과당은 아니고 과당 용액과 포도당, 그리고 일부 변환되지 않은 올리고당을 포함하고 있으므로 그 농도에 따라 HFCS 42(수분을 제외하고 42% 과당), HFCS 55(55% 과당) 등으로 분류된다. HFCS 42  의 경우 주로 시리얼, 음료, 과자 등을 제조하는데 사용되며 HFCS는 대부분 가당 음료에 들어간다. 42/55라는 명칭에서도 눈치 챌 수 있지만, 사실 액상 과당은 이름처럼 물에 녹은 단순 과당이 아니다. HFCS 42는 사실 수분을 제외하고 42%는 과당, 50%는 포도당이고 나머지는 아직 처리되지 않은 올리고당 등이다. 다시 말해 액상 과당이라고 해서 과당만 들어있는 것이 아니란 사실을 기억하자.

　자연계에서 이와 비슷한 물질이라고 하면 사실 꿀을 들 수 있다. 꿀벌은 본래 꿀에 들어있는 설탕 성분을 효소로 분해해서 과당과 포도당으로 바꾼다. 따라서 벌꿀은 액상 과당과 마찬가지로 설탕보다 더 달게 느껴진다. 요리에 첨가할 목적으로 설탕을 효소로 처리해 가수분해 한 것을 전화당invert sugar라고 하는데, 옥수수 원료의 액상 과당과 더불어 제빵 제과는 물론 여러 식품에 첨가제로 들어가고 있다. 물론 이 역시 본래 식재료에 들어있는 것이 아니라 우리가 대량 생산해서 인위적으로 음식에 첨가하므로 첨가당의 일종이다.

　아무튼 1960년대에 액상과당의 제조법이 개발되고, 1970년대에 상품화되자 더 자극적인 단맛을 추구하던 식음료 업계는 이 문명의 이기를 기꺼이 받아들여 음료수와 식품에 추가했다. 특히 설탕보다 더 저렴할 뿐 아니라 본래 액체라 물과 잘 섞이는 액상 과당의 출현은 가당 음료를 제조하는 식품회사들에게는 기적의 물질이었다. 동시에 액상과당은 음료수 이외에 여러 가공식품에 들어가 과당을 먹기 위해 비싼 과일이나 꿀을 먹는 수고스러움을 덜어주었다. 이는 우리가 매일 만끽하는 현대 문명의 기적이다.

　그러나 동시에 본래는 접할 수 없던 당류를 대량으로 쉽게 접하면서 인류는 당류를 남용하고 말았다. 단맛의 유혹 뒤에는 그만한 대가가 있었다. 너무 과량으로 섭취하다 보니 계속해서 추가로 열량을 섭취했고 이렇게 섭취한 열량이 지방으로 바뀌면서 비만은 물론 당뇨, 고혈압 같은 성인병이 뒤따른 것이다. 물론 항상 그러하듯이 설탕이나 액상 과당이 문제가 아니라 이를 남용한 인간이 문제다. 그런데 여기서 한 가지 흥미로운 이야기를 해야 할 것 같다. 과연 설탕과 액상과당 중 어느 쪽이 더 위험한가? 최근 언론 보도나 인터넷에 떠도는 이야기를 종합하면 액상 과당이 더 위험한 것 같다. 사실일까?

05

액상과당이
더 위험한가?

달고 시원한 탄산음료는 삶의 활력소다. 솔직히 말하면 필자도 아주 좋아해서 어릴 때부터 자주 마셨다. 하지만 점차 그 위험성을 경고하는 목소리가 커지고 있다. 이에 대한 많은 연구가 진행되면서 이런 음료를 많이 마시면 건강에 해롭다는 사실이 밝혀지고 있기 때문이다. 탄산음료하면 콜라부터 떠올리겠지만 사실 탄산을 포함하지 않아도 당분을 포함한 음료는 매우 많다. 예를 들어 몸에 좋아 보이는 요거트 속에도 상당한 첨가당이 숨어 있다. 연구자들은 이런 음료를 모두 모아 당분 함유 음료SSB, Sugar Sweatened Beverage라는 학술적

인 명칭을 붙였다. 보통 우리말로는 가당 음료(첨가당을 넣은 음료라는 말, 이하 가당 음료로 용어를 통일)라고 부른다. 탄산이 아니라 당분을 기준으로 분류한데서도 눈치챘겠지만, 가장 큰 문제는

바로 첨가당이다.

통상적인 탄산음료는 250ml 한 캔에 100~130kcal의 열량을 지니고 있다. 물론 치열해지는 경쟁에서 살아남기 위해 식음료 회사들은 다양한 가당 음료를 개발해서 열량은 음료마다 천차만별이다. 하나 확실한 것은 그냥 물을 마실 때보다 훨씬 많은 열량을 섭취하게 된다는 것이다. 물론 열량 100~200kcal을 가끔 더 섭취하는 것은 큰 문제가 아닐 수도 있다. 그러나 연간 365일 100kcal를 추가 섭취하는 것은 3만 6,500kcal를 섭취한다는 이야기와 같다. 이는 지방으로 환산하면 4kg에 근접한다. 우리 몸은 에너지에 대해서는 인색하기 짝이 없어서 일단 들어온 열량을 그냥 내보내는 법이 없다. 이를 차곡차곡 정성스럽게 지방으로 전환해 뱃살이나 기타 신체의 다른 곳에 든든하게 쌓아 둔다. 물론 생존을 위한 진화의 결과지만, 역설적으로 이제는 오히려 그것이 생명을 위협하고 있다.

그런데 여기서 하나 궁금증이 있다. 설탕보다 단맛이 강한 액상 과당을 음료에 섞으면 같은 단맛을 내기 위해서 더 적은 양을 넣어도 된다. 그러면 당류가 줄어드니 사실 더 좋지 않을까? 과당은 혈당 지수도 낮을 뿐 아니라 흡수 속도가 포도당보다 느리다. 우리 몸에서 가장 중요하게 생각하는 단당류인 포도당은 에너지를 써서 빨리 흡수하지만, 과당은 그렇지 않기 때문이다.

이렇게 언뜻 생각하기엔 액상과당이 더 안전할 것 같지만, 액상과당이 보급된 1970년대 이후 액상과당의 위험성을 설명하는 연구 논문들이 쏟아지기 시작했다. 2004년 미 임상영양학회지The American Journal of Clinical Nutrition에는 액상과당이 미국에서 큰 문제가 된 비만의 증가에 큰 역할을 했다는 역학 논문이 발표되었다.(1) 이에 의하면 미국에서 액상과당의 섭취는 1970

년대에 비교해서 1990년대에 1,000% 증가했다. 2세 이상 미국 인구가 하루 평균 섭취하는 액상 과당의 양도 132kcal 이상이며 가장 많이 섭취하는 상위 20% 인구는 무려 316kcal의 과당을 섭취했다. 이를 5년, 10년 꾸준히 섭취했다면 평범한 사람도 비만으로 바뀌는데 충분한 에너지를 제공할 수 있다.

사실 추가 열량을 섭취해도 그만큼 배가 불러서 다른 음식을 먹지 못하면 균형은 맞춰질 수 있다. 그런데 과당의 문제가 여기 있다. 우리 몸의 당 및 포만감 조절 방식은 우리에게 가장 중요한 단당류인 포도당에 맞춰져 있다. 물론 이는 우리가 섭취하는 녹말이나 다른 탄수화물이 최종적으로는 포도당에 맞춰져 있고 우리 몸의 에너지 소비 역시 포도당이 기본이기 때문이다. 우리 신체는 포도당에 빠르게 반응해서 인슐린을 분비하고 포만감을 느끼지만, 과당은 그렇지 않다.

우리가 과당을 섭취하면 포도당과는 달리 인슐린이나 렙틴(leptin, 지방 조직에서 분비하는 호르몬으로 뇌에 작용해 포만감, 식욕 감소, 대사량 증가 등을 일으켜 체중을 감소시키는 역할을 한다)의 분비를 크게 자극하지 않는다. 물론 이는 자연 상태에서 과당을 지금처럼 대량 섭취하는 일이 없었기 때문이기도 하다. 하지만 그렇다고 과당이 흡수되면 열량이 안 되는 건 아니다. 역시 당인만큼 결국 추가 열량을 제공할 뿐 아니라 놀랍게도 지방으로 더 쉽게 변한다.(2)

앞서 당류의 흡수와 대사 과정에 대해서 자세한 설명을 안했지만, 과당의 경우 포도당이 모자라면 해당과정 중간에 끼어들어가 포도당이 될 수도 있다. 하지만 에너지가 남을 때는 바로 지방으로 변환되어 저장된다. 문제는 보통 현대인이 에너지를 과다 섭취한다는 것과 순수한 과당만 섭취하는 경우가 별로 없다는 것이다. 설탕이나 액상 과당, 전화당 모두 상당량의 포도당을 담고 있다. 그러면 당연히 남는 과당은 지방으로 빨리 변화되어 몸에 축적된다.

이런 연구들이 발표되자 단맛이 날 뿐 식욕은 크게 억제하지 않고 지방으로 더 쉽게 변하는 액상과당은 현대 문명의 축복이 아니라 저주로 낙인 찍혔다. 매일 같이 이를 물처럼 마시는 사람이 늘어났고 다른 식품에도 알게 모르게 첨가되고 있기 때문이다. 그리고 같은 기간 동안 미국을 비롯한 여러 국가에서 비만 인구가 폭발적으로 증가했다.

그런데 정말 비만의 증가가 액상과당 때문일까? 최근의 연구 결과를 종합하면 그건 아닐 가능성이 높다. 다수의 역학 연구들은 과당 자체보다는 열량 섭취 증가가 더 근본적인 문제라고 지적하고 있다. 2012년 미 내과학 회보Annals of Internal Medicine에는 과당이 특별히 다른 당에 비해서 더 위험한 건 아니라는 메타 분석 및 체계적 문헌고찰이 실렸다.(3) 이에 의하면 과당을 다른 당으로 대체한다고 해서 체중 증가의 위험도가 감소하는 건 아니라는 결론이 나왔다. 이와 비슷한 연구가 축적되면서 미국 심장 협회AHA는 2014년 업데이트 권고안에서 과당 같은 특정 종류의 당이 더 위험하다고 경고하지 않았다.(4) 대신 종류에 상관없이 첨가당added sugar을 여성에서는 하루 6스푼, 남성에서는 9스푼 정도로 제한하도록 권고하고 있다. 앞으로 설명하겠지만, WHO를 비롯해 국내외 가이드라인 역시 특정 당류가 아니라 총당류 및 첨가당을 기준으로 제한 섭취량을 제시하고 있다.

물론 결론은 액상과당이 억울하다는 이야기가 아니다. 액상과당이 나쁜 녀석이긴 하지만 평범한 설탕보다 더 악당이라는 과학적 근거가 없다는 정도다. 과당이 포만감을 일으키지 않고 지방으로 더 잘 변하는 건 사실이지만, 반대로 같은 단맛을 내기 위해서는 설탕을 더 넣어야 한다. 결국 전체 열량은 증가하므로 액상 과당을 제외시켰다고 더 안전한 음료가 될 것 같지는 않다.

더 중요한 것은 사실 액상과당과 설탕이 생각처럼 다른 녀석이 아니라는 것이다. 앞서 설명한 내용을 떠올리면 HFCS 42는 사실 포도당이 거의 반이다. HFCS 55 역시 나머지 45%의 대부분이 포도당이다. 그러니까 구성비로 보면 (과당+포도당)이 50대 50인 설탕과 별로 다르지 않다. 따라서 남용하면 똑같이 나쁘다는 것은 놀라운 일이 아니라 이론적으로 볼 때도 타당한 결과로 보인다.

결론적으로 나중에 설명할 트랜스지방과는 달리 액상과당이 다른 당류보다 더 위험하다는 과학적 증거는 다소 부족하다. 다만 연구는 계속될 것이고 아직 밝혀지지 않은 문제점이 미래에 밝혀질 가능성은 있다.

여기서 잠깐 메타분석과 체계적 문헌 고찰이란?

앞서 메타분석meta-analysis과 체계적 문헌 고찰systemic review이라는 표현을 사용했다. 메타분석은 여러 연구 결과를 종합해서 하나의 주제에 대한 결론을 내리는 것이다. 과학 연구, 특히 사람을 대상으로 한 연구들은 인구 집단과 연구 방법에 따라 매우 다양한 결과가 나올 수 있다. 사람의 경우 실험용 동물처럼 모든 것을 통제한 상태에서 연구가 불가능하기 때문이다. 따라서 비슷한 주제인데 결과가 조금씩 다른 경우가 많다. 메타분석은 하나의 주제에 관련된 여러 연구 결과들을 종합해서 하나의 결론을 내리는 방법이다. 예를 들어 흡연이 폐암의 원인이라는 결론을 1~2개의 연구를 통해서 얻는 것은 성급한 결론을 내릴 위험이 있다. 따라서 이제까지 흡연과

폐암의 연관성을 연구한 연구 결과를 모두 종합해서 각각의 크기와 효과를 계산한 후 흡연이 폐암의 위험도를 높인다는 결론을 내리는 것이 메타 분석이다.

체계적 문헌 고찰 역시 이전에 발표된 연구 논문을 모아 한 가지 주제에 대해서 결론을 내리고 설명한다. 다만 메타분석이 통계적인 연구 방법인데 반해 체계적 문헌 고찰은 여러 연구 결과를 종합해 해당 분야에 대한 연구 경향과 결론을 제시한다. 따라서 이 둘은 같이 붙어 다니는 경우가 많다. 본문에서 예로 든 연구의 경우 액상과당과 첨가당의 비만 위험도를 비교한 연구를 메타분석을 통해 분석하고 해당 주제의 여러 연구 논문을 리뷰해 결론을 내린 것이다. 메타분석과 체계적 문헌 고찰은 결국 여러 연구를 모아 한 주제에 대한 결론을 도출하는 것으로 이해할 수 있다.

하지만 그렇다고 해서 메타 분석이 만능인 것은 아니다. 사람이 하는 모든 다른 일과 마찬가지로 단점이 있다. 여러 연구 결과를 종합하는 과정에서 당연히 잘못 자료가 수집되었거나 분석이 잘못된 자료가 들어갈 가능성을 배제할 수 없다. 잘못된 연구와 잘된 연구가 서로 섞이면서 결과가 이상

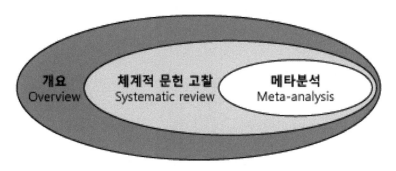

| 메타분석과 체계적 문헌 고찰 |

하게 될 가능성이 있는 것이다. 더구나 메타 분석 역시 연구자의 입맛에 맞게 자료를 모을 수 있어 결과가 한쪽으로 편향될 가능성이 있다.

06

가당 음료 마시면
정말 뚱뚱해지나?

앞서 액상과당이 다른 당류보다 더 비만을 유발하는 건 아니라고 했다. 그런데 이 말은 당류, 특히 첨가당이 비만의 원인이라는 이야기다. 특히 액상과당과 설탕이 들어가는 탄산음료가 그 주된 원인이라는 비난을 받고 있다. 하지만 사실 탄산음료는 액상과당처럼 좀 억울할지도 모르겠다. 왜냐하면, 음료 제조사들이 탄산음료에만 첨가당을 아낌없이 넣는 건 아니기 때문이다. 과일 주스에서부터 몸에 좋다고 광고하는 요구르트까지 첨가당이 들어가는 음료수의 종류는 셀 수가 없을 정도다. 솔직히 탄산음료보다 첨가당과 열량이 더 많은 것도 드물지 않다. 따라서 여기에서는 탄산이 아닌 가당 음료를 기준으로 이야기 해보자.

정말 가당 음료가 비만의 원인이라는 확실한 과학적 증거가 있을까? 정답부터 말하면 그렇다. 물론 음료수만 문제라는 이야기는 아니다. 예를 들어 저녁을 해결하기 위해 피자와 콜라, 햄버거와 콜라, 그리고 치킨과 콜라를(물론 콜라 대신 다른 가당 음료를 마셔도 마찬가지다) 주문하는 경우를 생각해보자. 누군가 이런 식사를 해서 살이 찐다면 콜라가 유일한 원인이라고 생각할 사람은 없을 것이다.

하지만 이런 음식과 더불어, 혹은 단순히 목이 마를 때 이런 가당 음료를 마시는 게 습관이 된 사람은 분명 비만이나 당뇨가 생길 가능성이 높다. 상식적으로 생각해봐도 앞서 설명한 것처럼 가당 음료 한 캔을 매일 마시면 1년간 몇 만 kcal의 에너지를 추가로 섭취하게 되는 것이다. 가당 음료가 비만의 유일한 원인은 아니지만, 원인 중 하나라는 것은 쉽게 짐작할 수 있다. 그리고 실제로 그렇다는 것이 여러 연구 및 메타 분석을 통해서 검증된 바 있다.(5) 가당 음료를 즐겨 마시는 것은 비만과 분명한 연관성이 있다.

가당 음료와 비만의 연관성은 모든 연령에서 나타날 수 있지만, 어린 시

가당 음료의 대명사가 된 코카콜라의 개발자 존 펨버턴John Pemberton. 그가 이 음료를 개발한 본래 이유는 치료 목적이었다. 남북전쟁에서 부상을 입고 모르핀 중독에 빠졌던 그는 보다 부작용이 작고 안전한 약물을 개발하고자 했다. 그래서 코카의 잎, 콜라의 열매, 카페인 등을 원료로 하는 약물을 개발했던 것인데, 당시 미국에서는 탄산이 몸에 좋다는 믿음이 있어 이것도 같이 넣었다. 설탕은 맛을 좋게 하는 용도였다.

절에 특히 조심해야 한다는 것이 필자의 개인적인 의견이다. 일단 어린 시절에 가당 음료에 입맛을 들이게 되면 평생 벗어나기 어렵기 때문이다. 그리고 그런 사람일수록 여러 가지 건강 문제를 평생 지니게 될 가능성이 높다.

2013년, 버지니아 의대의 연구팀은 저널 소아과학Pediatrics에 소아에서의 가당 음료 섭취와 비만의 연관성에 대한 연구 결과를 발표했다. 연구팀은 2세에서 5세 사이 소아 9,600명의 식생활 습관과 비만과의 연관성을 조사했는데, 역시 가당 음료 섭취가

높을수록 어린 시절부터 비만의 가능성이 올라갔다. 연관성을 보이는 용량은 가당 음료 8온스(227g. 통상적인 탄산음료 한 캔 용량에 조금 미달) 이상이었다.(6)

이 연구에서는 가당 음료에 푹 빠져 있는 어린이가 우유나 물의 섭취는 줄이는 반면 TV 시청 시간이나 정크 푸드의 섭취량은 증가하는 연관성도 같이 발견되었다. 반면 운동 시간은 적었다. 보통 이런 가당 음료를 많이 먹는 어린이들일수록 건강하지 않은 생활 습관을 지니고 있는 경우가 많기 때문이다. 두말 할 필요 없이 건강한 생활 습관은 부모가 자녀에게 물려줄 수 있는 가장 귀중한 재산이다. 가당 음료를 금지할 필요까지는 없겠지만, 물처럼 마시지 않도록 가르치고 하루 몇 개씩 마시지 않게 습관을 들이는 것은 아이의 평생을 위해 사교육 이상으로 중요한 일이다.

07

당뇨를 부르는
음료수

　　가당 음료에는 이름처럼 혈당을 올릴 수 있는 당분이 풍부하
게 포함되어 있다. 사실 녹말의 경우 효소에 의해 맥아당으로 한 번 분해되
는 과정을 거치기 때문에 천천히 흡수되지만, 가당 음료는 아예 액체 상태
일 뿐 아니라 단당류나 이당류를 포함하고 있어 아주 흡수가 빠르다. 앞서
언급한 내용을 떠올리면 특히 포도당이 포함된 경우 혈당이 크게 오른다.
따라서 갑작스런 저혈당 증상으로 위험한 당뇨 환자에게 빠르게 혈당을 올
릴 목적이라면 가당 음료는 아주 좋은 선택이다. 그런데 이렇게 혈당을 올
리는 음료를 자주 마셔도 정말 괜찮을까?

　　다행하게도 인체는 혈당을 매우 효과적으로 관리한다. 따라서 가당 음료
를 좀 마셔도 바로 당뇨가 올 걱정은 없다. 하지만 물처럼 계속 마시는 것
은 다른 이야기다. 가당 음료를 매일 마시는 경우 과도한 열량 섭취와 더불
어 비만이나 대사 증후군의 가능성이 높아지고 결국 당뇨의 가능성을 높인
다. 이를 입증한 연구는 이미 많이 발표되어 있다. 2015년, 영국 의학 저널
British Medical Journal, BMJ에는 여러 음료수와 당뇨의 발생 위험을 연구한 기존

의 코호트 연구 17개를 분석한 결과가 실렸다.(7) 이 연구는 영국과 미국의 인구집단을 대상으로 진행되었으며 1,000만 인년(person year. 1명을 1년 간 관찰한 경우 1인년으로 계산한다)의 연구 결과를 포함하고 있다. 그 결과 가당 음료 하루 1회 섭취할 때마다(1회는 250ml로 보통 탄산음료 한 캔에 해당하는 양) 당뇨 위험성은 18% 정도 증가하는 것으로 나타났다. 흥미로운 사실은 지방 축적adiposity를 보정한 후에도 13% 정도 위험도가 증가되었다는 것이다. 가당 음료처럼 혈당 지수가 높은 식품의 당뇨 위험성은 비만이 없어도 나타날 수 있는 셈이다.

여기까지 이야기를 요약하면 탄산음료를 포함한 가당 음료를 장기간 과량(적어도 하루 한 캔 이상) 섭취할 경우 당뇨와 비만의 위험이 높아진다고 할 수 있다. 심지어 비만해지지 않아도 당뇨 위험도가 커진다.

여기서 잠깐 혈당지수 얼마나 믿을 수 있나?

혈당지수Glycemic index: GI란 일정량의 탄수화물을 섭취한 후 혈당 상승 정도를 나타낸 지수이다. 당연히 탄수화물이라도 다당류가 중심인 식품은 혈당 지수가 낮을 것이고, 반대로 설탕 같은 단순당은 혈당 지수가 매우 높을 것이라는 점을 쉽게 이해할 수 있다. 기준은 순수한 포도당을 100으로 해서 70이상은 혈당지수가 높은 식품, 56~69까지는 중간, 55이하는 낮은 식품으로 본다. 이와 동시에 1회분에 해당하는 음식의 혈당 영향력을 평가하는 지수로 당부하 지수glycemic load: GL라는 개념도 있다.

서론에서 설명한 간호사 건강 연구NHS를 포함한 대규모 역학 연구에서는 가당 음료 같이 혈당 및 당부하 지수가 높은 식품이 정상인에서 당뇨 위험도를 높인다고 나타났다.(8) 하지만 비슷한 시기에 발표된 실험 연구에서는 혈당 및 당부하 지수가 높은 식품이 인슐린 저항성을 실제로 높인다는 결과를 찾을 수 없었다.(9) 물론 이 두 가지 결과가 반드시 서로 상충하는 것은 아니다. 하나는 장기간, 다른 하나는 단기간 영향력을 본 것이기 때문이다. 다만 혈당 및 당부하 지수의 유용성에 대한 논란이 있다고 보면 될 것 같다.

분명한 것은 혈당지수가 높은 대표적 식품인 정제된 곡물, 가당 음료, 가공 식품의 당뇨 위험성이 높다는 것이다. 반면 혈당 지수가 낮은 통곡물은 당뇨 예방에 유리하다는 증거가 있다. 미 당뇨협회[ADA] 2016 가이드라인은 혈당 및 당부하 지수에 다소 논란이 있지만, 정제된 곡물보다 혈당지수가 낮은 통곡물이 당뇨 예방에 유리하다고 발표했다.

08

질병을 부른 첨가당

그러면 과연 첨가당을 많이 먹으면 사망률이 올라가는가? 그렇다. 2014년 미 질병 통제 예방센터^{CDC}와 하버드 의대의 연구팀은 미 국립 건강 영양조사^{National Health and Nutrition Examination Survey (NHANES)} 데이터와 심혈관 사망률 데이터를 토대로 이와 같은 내용을 발표했다. 1988년에서 1994년 사이 국립 건강 영양 조사 자료와 1999-2004년, 그리고 2005-2010년 자료가 분석되었고 총 14.6년 간 163,039인년^{person year} 데이터 및 심혈관 질환 사망률의 연관성이 조사되었다. 이 연구에서는 모든 연관성 있는 인자(성별, 인종, 나이 등)을 보정한 후 전체 열량의 25%를 첨가당으로 얻는 그룹이 10% 이하 그룹 대비 심혈관 사망률이 2배 이상 높다는 것이 밝혀졌다.(10)

전체 열량의 25%를 첨가당으로 얻는다는 게 가능한가 반문할 수도 있지만, 의외로 어렵지 않다는 게 함정이다. 첨가당은 사실 엄청나게 에너지가 농축된 물질이기 때문이다. 만약 우리가 물 대신 탄산음료를 섭취하면서 아이스크림이나 케익 같은 달달한 디저트를 좋아하고 설탕이 듬뿍 들어간 도넛으로 식사를 대신한다면 전체 열량의 25% 이상을 어렵지 않게 첨가당으로 섭취할 수 있다.

2005년에서 2010년 사이 미 국립영양조사에서는 미국 성인의 10%가 총 에너지 섭취의 25%를 첨가당에서 얻는 것으로 나타났다. 그리고 대부분의 성인이 10% 이상의 에너지를 첨가당에서 얻는다.(10) 사실 이것도 이전보다 감소한 수치다. 이점을 감안하면 미국에서 비만 인구가 폭발적으로 증가하는 이유가 쉽게 이해가 된다. 물론 이로 인해 당뇨, 고혈압, 대사 증후군이 증가되면서 심혈관 질환의 가능성 또한 크게 높아지고 있다.

가당 음료를 비롯한 첨가당의 과량 섭취는 내분비 기능에도 영향을 미친다. 2015년, 하버드 대학의 연구팀은 1996년에서 2001년 사이 9세에서 14세 사이 소녀 5,583명을 추적 관찰했다. 가당 음료와 초경과의 연관성을 조사한 결과 하루 1.5회 이상 마시는 경우 주당 2회 마시는 경우보다 초경이 대략 2.7달 정도 빨랐다고 한다.(11) 이런 변화를 일으키는 것은 빠른 당 섭취가 내분비 기능에 영향을 일으키기 때문이다. 가당 음료의 특징은 아주 빠르게 당을 흡수시킨다는 것이다. 따라서 체내 인슐린 농도가 증가하는데, 문제는 인슐린이 당 대사는 물론 체내에서 일어나는 여러 대사 과정에 영향을 미친다는 것이다. 물론 성 호르몬에도 영향을 주어 초경을 빠르게 만들 수 있다. 그런데 초경이 빨라진다는 것은 좋은 일만은 아니다. 평생 에스트로겐 같은 성호르몬에 노출되는 기간이 길어지면서 유방암의 가능성이 높아질 수 있다. 연구팀은 초경이 1년 빨라지면 평생 유방암 발생률이 5% 정도 빨라진다고 지적했다.

물론 가능성을 높이는 것만이 아니라 실제로 암과 가당 음료의 연관성을 입증한 연구 결과도 적지 않다. 체중 증가는 당뇨, 고혈압, 심혈관 질환은 물론 암의 증가와 연관이 있기 때문이다. 예를 들어 첨가당과 가당 음료 자체가 췌장암의 위험도를 증가시킨다는 증거가 있다.

가당 음료는 매우 빠르게 혈당을 올린다. 그러면 우리 몸은 빠르게 인슐린을 분비해서 이에 대응한다. 그런데 이런 일이 자주 반복되면 췌장을 혹사시키는 것과 같다. 스웨덴에서 77,797명의 참가자를 대상으로 진행된 연구에 의하면 첨가당과 가당 음료를 많이 마시는 그룹은 그렇지 않은 그룹 대비 췌장암의 발생 비율이 높았다. 특히 가당 음료를 가장 많이 마시는 그룹은 가장 적게 마시는 그룹대비 무려 1.93배의 위험도를 보였다.(12) 비록 7.2년(1997년에서 2005년 사이)의 관찰 기간 동안 췌장암이 생긴 사람은 131명으로 많지 않았지만, 일단 생기면 5년 생존율이 10% 수준에 불과한 매우 치명적인 암이라는 것을 생각하면 의미 있는 결과다. 2012년 미 암학회ACS 가이드라인에서는 암 예방을 위해 가당 음료를 비롯해서 캔디, 쿠키, 케익류 등의 섭취를 제한하고 정제된 곡물보다 통곡물을 섭취하도록 권장했다.

이외에도 당류를 과량 섭취했을 경우 나타나는 건강상의 문제는 매우 많다. 그리고 지금까지 행해진 중요한 역학 연구도 많지만 분량상 여기서 줄여야 할 것 같다.

09

첨가당은 전체 에너지 섭취량의
10%까지 줄여라

불행하게도 당을 첨가하는 것은 음료 업계만의 관행은 아니다. 우리가 음식에 맛을 더하기 위해서 요리할 때 넣는 설탕을 제외하고도 생각보다 많은 설탕과 기타 당류가 음식에 들어가 우리 미각을 자극하고 있다. 이에 따라 세계 보건 기구는 물론 각국의 보건 당국은 새로운 가이드라인을 제정했다.

2015년 WHO는 당류 섭취에 대해서 다음의 내용을 권고했다.

1. 전체 열량 섭취에서 당류 섭취를 10% 이내로 강력히 권고 (Reducing sugars intake to less than 10% of total energy : a strong recommendation)

2. 5% 이내로 추가 감량하는 것도 조건에 따라 권장한다 (Further reduction to less than 5% of total energy intake : a conditional recommendation)(13)

같은 시기에 나온 미국인을 위한 식생활 가이드라인Dietary guidelines for Americans 2015-2020, Eighth edition에서는 첨가당을 전체 열량 섭취에서 10% 이내로 제한할 것을 강력히 권고했다. (key recommendation: Consume less than 10 percent of calories per day from added sugars)

10%면 꽤 많은 것 같지만, 그렇지 않은 게 탄산음료 한 캔만 마셔도 보통 권장 에너지량의 5%를 섭취한다. 여기에 음식에 알게 모르게 들어가는 설탕과 액상과당을 합치면 10%는 생각보다 쉽게 넘을 수 있다. 탄산음료 하루 두 캔 이상 혹은 500~600ml 이상은 확실하게 10% 이상을 설탕과 액상과당으로 섭취하는 방법이다. 아니면 아이스크림 한 개와 탄산음료의 조합도 가능하다.

과유불급이라는 이야기가 있다. 포도당, 과당, 그리고 설탕은 분명 훌륭한 에너지원이며 사실 앞서 설명했듯이 우리는 당 없이는 살수가 없다. 하지만 항상 지나치면 문제가 된다. 입에 좋은 맛을 쫓아 과도한 첨가당을 섭취하게 되면 당뇨, 비만, 심혈관 질환의 위험성이 높아지는 걸 피할 수 없다. 물론 요즘 세상에서 첨가당이 들어간 음식은 모두 피하는 것은 사실 쉽지 않은 일이며 그럴 필요도 없다. 필자가 말하고자 하는 바는 먹지 말라는 것이 아니라 적당히 먹자는 것이다.

여기서 잠깐 당류의 종류는?

여기까지 내용을 이해했다면 탄수화물과 당류는 쉽게 구분이 가능할 것이다. 하지만 여러 권고안과 참고 문헌에는 첨가당, 유리당, 총당류 등 여러 가지 혼란스런 용어가 존재한다. 첨가당은 설탕이나 액상 과당의 형태로 첨가되는 단순 당류다. 유리당free sugar은 첨가되거나 혹은 식품에 본래 존재하는 당류다. 총당류total sugar는 첨가당과 본래 음식에 내재된 당류를 의미한다. 여기에 본래 식품에 존재하는 당류는 내재성당intrinsic sugar, 첨가하는 당은 외재성당extrinsic sugar로 구분하는 분류도 있다. 조금씩 개념이 겹치는 단어를 사용하면 혼란을 초래할 우려가 있어 여기서는 주로 당류와 첨가당을 중심 용어로 사용했다.

첨가당은 미국 농부성이 제안한 용어로 식품의 조리과정에서 들어가는 당과 시럽을 포함한 것이다. 유리당과 총당류는 비슷한 개념으로 보통 식품 영양정보 표시는 총당류를 기준으로 한다. 물론 대부분의 가공식품(가당 음료, 아이스크림, 과자, 초콜릿, 도넛 등)에 있는 당류는 기본적으로 첨가당이기 때문에 당류 표시는 첨가당이나 다름없다. 본래 당류는 꿀, 과일, 우유 등 일부 식재료에만 존재한다.

10
한국인의 당류 섭취는?

　　평균적인 한국인의 경우 첨가당과 본래 존재하는 당류를 포함한 총당류 섭취는 미국 등 서구 국가에 비해서 그렇게 많지 않다. 2008년에서 2011년 사이 33,745명을 대상으로 조사한 국민건강영양 조사 결과에 따르면 총당류 섭취는 하루 61.4g으로 전체 열량의 12.8%를 단순 당류에서 섭취했으며 이는 탄수화물 섭취의 20% 수준이다. 다른 말로 하면 탄수화물 섭취에서 다당류 섭취가 80%라는 이야기다. 61.4g에서 가공 식품이 차지하는 비중이 반이 넘어 35g이었으며 과일은 15.3g, 우유는 3.5g, 기타 원재료성 식품이 7.7g으로 나타났다. 따라서 첨가당 57%, 자연당 43% 정도 비율로 볼 수 있다. 가공 식품에 들어가는 당류는 거의 첨가당이기 때문이다. 전체 열량에서 차지하는 비중으로 보면 가공식품 당류 7.1%, 원재료성 식품 5.7% 비율이다.

연령	총당류	가공식품	우유	과일	원재료	열량섭취
1-2세	50.7 ± 1.3	20.5 ± 0.9	14.1 ± 0.9	12.9 ± 0.7	3.2 ± 0.2	1,035 ± 16.2
3-5세	53.7 ± 1.1	27.6 ± 0.8	8.6 ± 0.3	13.7 ± 0.6	3.8 ± 0.1	1,290 ± 15.1
6-11세	61.3 ± 1.0	33.8 ± 0.8	7.7 ± 0.2	14.4 ± 0.6	5.3 ± 0.1	1,743 ± 13.8
12-18세	69.6 ± 1.5	47.1 ± 1.3	5.1 ± 0.2	10.9 ± 0.6	6.5 ± 0.1	2,115 ± 21.3
19-29세	68.4 ± 1.2	46.1 ± 1.0	3.5 ± 0.2	11.3 ± 0.5	7.5 ± 0.2	2,097 ± 23.9
30-49세	65.3 ± 0.7	37.0 ± 0.5	2.6 ± 0.1	17.1 ± 0.5	8.6 ± 0.1	2,124 ± 12.3
50-64세	59.3 ± 0.9	28.0 ± 0.5	2.0 ± 0.1	20.2 ± 0.7	9.1 ± 0.1	1,973 ± 13.2
65세 이상	39.1 ± 0.7	18.1 ± 0.4	1.3 ± 0.1	12.5 ± 0.5	7.2 ± 0.2	1,579 ± 12.3
평균합계	61.4 ± 0.5	35.0 ± 0.4	3.5 ± 0.1	15.3 ± 0.3	7.7 ± 0.1	1,963 ± 7.9

(표: 한국인의 연령별 1일당 당류 섭취(단위 g, 열량섭취는 kcal), 평균과 표준편차. 출처: 국민영양건강조사)

한국인 영양소 섭취 기준에서는 '총당류 섭취량을 총 에너지섭취량의 10~20%로 제한하고, 특히 식품의 조리 및 가공 시 첨가되는 첨가당은 총 에너지섭취량의 10% 이내로 섭취하도록 한다. 첨가당의 주요 급원으로는 설탕, 액상과당, 물엿, 당밀, 꿀, 시럽, 농축과일주스 등이 있다.' 라고 설명하고 있다. 이는 국내외에서 진행된 연구와 국제 가이드라인에 따라 제정한 것이다. 다만 첨가당 10%는 명료한데, 총당류 10~20%는 다소 혼동을 주는 표현으로 다음 가이드라인 제정 시에는 더 명확하게 해줄 필요가 있어 보인다.

총당류 20%를 기준으로 제시한 이유는 대사 증후군 같은 만성 질환의 가능성이 높아지기 때문이다. 기본적으로는 (첨가당 10% + 자연당 10%) 이내지만, 10~20%라는 표현에는 총당류 20% 이하에서도 문제가 생길 가능성이 있음을 내포하고 있다. 하지만 보통 자연당 10%는 섭취하기 매우 어려운 수준이므로 미국처럼 첨가당을 기준으로 10%라는 기준치를 제시하는 것도 좋은 방법 같다. 첨가당은 식품 성분표에 표시되어 있어 쉽게 계산이 가능한 반면 식품속의 자연당은 계산이 까다롭다는 점을 생각하면 더 그렇다.

평균적인 한국 성인의 경우 당류 섭취는 그렇게 많지 않은 편이며 노령층은 특히 적다. 참고로 미국은 2009-2010년 국민건강영양조사에서 하루 총당류 섭취량이 119g이나 되며 캐나다도 110g에 달한다. 물론 대부분이 첨가당에서 오는 것이니 문제가 심각할 수밖에 없다. 하지만 한국 성인은 아직 그 정도로 높지 않다. 다만 그렇다고 안심하면 안 되는 이유가 소아 및 젊은 층에서 총당류와 첨가당 섭취량이 계속 늘고 있기 때문이다. 이는 식생활이 서구화되고 패스트푸드와 과자류, 가당 음료 섭취가 많아지는 것과 연관이 있다. 식약처에 의하면 2013년에 가공식품에 의한 당류 섭취 (대부분 첨가당이다)가 3세에서 5세 사이에서는 10.2%, 6~11세 사이에서는 10.6%, 12~18세 사이에서는 10.7%, 19~29세 사이에서는 11%로 기준치인 10%를 넘어섰다.

이런 상황에 맞춰 식품의약품 안전처(식약처)은 2016년부터 2020년까지 '제1차 당류 저감 종합계획'을 발표했다. 이 계획에서는 앞으로 가공식품을 통한 당류 섭취량을 1일 열량의 10% 이내로 관리하겠다는 것을 목표로 하고 있다. 과도한 당류 섭취가 이제는 강 건너 불구경만은 아닌 셈이다. 사실 TV를 켜면 가당 음료나 맛있는 과자 광고는 쉽게 접해도 건강 캠페인은 접하기 어려운 것은 미국만이 아니라 우리나라 역시 마찬가지다.

11

탄수화물을 주식으로 삼아도
안전할까?

　　앞서 했던 이야기는 단당류와 이당류, 특히 과당 및 설탕에 대한 이야기였다. 하지만 우리가 섭취하는 탄수화물 중에 가장 많은 비중은 사실 다당류가 차지한다. 우리가 자주 먹는 쌀을 생각해보자. 물론 도정 정도와 품종에 따른 차이는 있지만, 밥을 짓기 전(밥을 지으면 당연히 수분이 많이 포함된다) 쌀 100g 중 탄수화물이 차지하는 비중은 80g에 달한다. 단백질은 5~7g 정도이고 나머지는 지방, 비타민, 미네랄 등이다. 그리고 그 탄수화물의 대부분은 녹말 같은 다당류다. 따라서 밥을 먹는다고 해서 바로 단맛이 느껴지지 않는다. 우리가 밥을 잘 씹어 먹으면 침 속에 잇는 아밀라아제가 다당류를 포도당 2개씩으로 끊어서 맥아당으로 만들어 단맛을 느낄 수 있을 뿐이다. 아무튼 한국인처럼 밥을 주식으로 하면 단순당을 과다 섭취할 위험성은 적지만, 필요한 열량의 대부분을 탄수화물로 섭취하게 된다. 그런데 이것이 건강에 나쁜 영향을 미치지 않을까?

　　다행히 전체 열량의 절반 이상을 다당류로 섭취해도 큰 문제는 되지 않는다. 물론 다른 필수 영양분을 충분히 섭취한다는 전제하에서 그렇다는 이야기다. 우리는 경험적으로 인간이 곡물에 의존에서 살아가도 문제가 없고 오래 살 수 있다는 것을 알고 있다. 농경 문명의 탄생과 변영은 우연이 아닌 셈이다. 동시에 우리는 주변에서 채식 위주의 식단으로 장수하는 사례를 종종 볼 수 있다. 예를 들어 장수국가 일본 역시 쌀을 주식으로 한다. 하지만 모든 것이 그러하듯 탄수화물 섭취에도 적정한 선은 있다.

2003년 합동 가이드라인에서 WHO와 유엔 산하 세계농업기구Food and Agriculture Organization, FAO는 전체 열량 섭취에서 탄수화물의 비중을 55~75% 정도로 하는 것이 적당하다는 권고안을 제시했다.(14) 물론 이는 좀 넓은 범위다. 탄수화물을 너무 많이 섭취한다면, 다음 장에서 설명할 필수 지방산과 필수 아미노산의 섭취가 적다는 의미와 다를 바 없다. 다양한 비타민 및 무기 영양소의 섭취도 줄어든다. 이는 물론 건강에 좋지 않은 영향을 미친다.

이 가이드라인이 나오고 나서 몇몇 연구에서는 탄수화물로 섭취하는 에너지 비율이 70%가 넘으면 나중에 설명할 일부 질병 발생률이 증가할 수 있다는 보고가 나왔다. 따라서 2015년에 나온 한국인 영양소 섭취 기준에서는 이보다 더 범위를 좁힌 55~65%를 기준으로 잡았다. 아무튼 이 정도 섭취량은 사실 탄수화물을 주식으로 섭취해도 무방하다는 이야기와 같다. 이를 좀 더 쉽게 풀면 밥을 주식으로 편식하지 않고 여러 음식을 골고루 먹는다면 문제될 게 없다는 뜻이다.

참고로 누군가가 전체 열량의 80~90%를 탄수화물로 섭취한다면 이건 지독하게 편식을 한다는 이야기이다. 다른 음식은 일체 손에 대지 않고 거의 밥만 먹어야 나올 수 있는 수치이기 때문이다(밥만 먹어도 소량의 단백질과 지방이 있어 100%는 안 나온다). 이런 식생활을 하면 솔직히 먹기도 괴로울 뿐 아니라 건강에 해롭다는 점은 굳이 설명이 필요 없을 것 같다.

결론적으로 비만이나 당뇨가 올까 봐 탄수화물을 극도로 기피할 이유는 없고 주식으로 삼아도 문제가 되지 않는다. 심지어 당뇨 환자도 그렇다. 이미 당뇨 환자라면 물론 식생활에 조심할 필요가 있지만, 어떤 의사도 당뇨 환자에게 밥을 먹으면 안 된다고 설명하지 않는다. 실제로 병원에서 의사가 처방하고 자격을 갖춘 전문 영양사가 관리하는 식단도 밥이 주식이다.

밥을 주식으로 생선, 견과류, 육류, 야채, 채소, 과일을 충분히 먹는 식단은 건강한 식단이다(물론 짜게 먹으면 안 된다). 당류를 줄이라는 이야기는 탄수화물이 아니라 당류, 특히 첨가당을 줄이라는 이야기이므로 독자들이 혼동하지 않기를 바란다. 탄수화물, 당류, 첨가당, 설탕 등의 용어는 조금씩 의미가 다르지만, 서로 혼용되어 혼란을 부추기는 원인이 되고 있다.

여기서 잠깐 **2015년 한국인 영양소 섭취 기준을 알아보자.**

우리나라 영양소 섭취 가이드라인은 해외 가이드라인의 기준을 참고하되 외국과는 다른 한국인의 식생활 습관을 토대로 제정되었다. '2015 한국인 영양소 섭취 기준'은 평소 영양 문제에 관심이 많았던 독자라면 한번 읽어봐도 좋을 것이다.

이 가이드라인에는 에너지 섭취 적정 비율로 모든 연령에서 탄수화물은 55~65% 정도로 권장하고 있다. 단백질은 7~20%다. 지질(지방)은 연령에 따라 다르지만 15~30% 선이다. 동시에 "총당류 섭취량을 총에너지 섭취량의 10~20%로 제한하고, 특히 식품의 조리 및 가공 시 첨가되는 첨가당은 총에너지 섭취량의 10% 이내로 섭취하도록" 제한하고 있다.

영영소	전체 열량 섭취 중 적정 비율		
	1-2세	3-18세	19세 이상
탄수화물	55-65%	55-65%	55-65%
단백질	7-20%	7-20%	7-20%
지방	20-35%	15-30%	15-30%
n-6 지방산	4-10%	4-10%	4-10%
n-3 지방산	1%내외	1%내외	1%내외
포화지방산		8%미만	7%미만
트랜스지방산		1%미만	1%미만
콜레스테롤			300mg/일 미만

(출처: 보건복지부/한국인 영양소 섭취기준 2015)

위의 표에서 탄수화물 이외에 나머지 이야기는 지금 이해가 되지 않을 텐데 앞으로 나머지 장에서 내용을 모두 설명하면 이해가 가능할 것이다.

12

탄수화물
많이 먹으면 위험하다?

　　사실 2010년 한국인 영양소 섭취기준에서 탄수화물 섭취 권장 상한선은 70%였다. 그러나 최근 국내외에서 진행된 연구에 따르면 70% 이상의 열량을 탄수화물로 섭취하게 되면 몇 가지 질병 가능성이 높아진다는 보고가 있었다. 따라서 새로운 가이드라인은 65%로 상한선을 낮췄다. 국민건강영양조사에서 나온 데이터를 바탕으로 분석했더니 탄수화물에 집중된 식이를 하는 사람에서 이상지혈증과 당뇨, 대사 증후군의 가능성이 높아지는 것 같은 결과가 나왔기 때문이다.(15,16) 다만 아직까지 고탄수화물 식이를 해서 심혈관 질환 및 전체 사망률이 분명하게 높아진다는 연구 결과는 부족하다.

　　참고로 2008-2012년 국민건강영양조사에서 우리나라 19-65세 성인의 탄수화물 섭취량은 남자가 하루 348.6-367.7g, 여자가 하루 261.3-301.7g으로 조사되었다. 이를 열량으로 환산하면 60.8-69.0%, 62.7-72.3% 수준으로 상한선에 가깝다. 그러나 젊은 층에서는 상대적으로 식이가 서구식으로 바뀌면서 탄수화물 섭취량이 다소 감소하는 추세다.

흥미로운 사실은 나중에 이상지혈증에서 다루겠지만, 저지방 고탄수화물 식이를 할 때 이상지혈증의 위험도가 커진다는 것이다. 지방을 적절하게 섭취할 경우 적절하게 대사가 되면서 혈중 콜레스테롤 및 중성지방 농도는 일정하게 유지된다. 하지만 지나친 고탄수화물 식이를 하는 경우 남는 탄수화물이 중성지방으로 전환면서 오히려 피 속의 농도가 높아진다. 따라서 저지방 고탄수화물 식이는 심지어 고지혈증 환자에게도 유리하지 않다. 실제로 국민건강영양조사에서 탄수화물 섭취비율이 62.3%에 비해 68.2%, 73.6%, 81.4% 섭취군에서 HDL-콜레스테롤이 감소했고 중성지방은 증가했다. 또 탄수화물과 만성 질환 연관도를 보면 75%이상에서 수축기 혈압이 유의하게 높았으며 72%일 때 대사 증후군의 위험도가 높았다. 이런 근거로 탄수화물의 적정 섭취 비율은 55~65%로 보고 있다. 단 하루 섭취량(g으로 표시)을 제한할 근거는 부족해서 섭취량 제한은 하지 않고 있다.

사실 탄수화물 섭취를 70% 이하로 줄이는 일은 그다지 어렵지 않다. 오히려 80~90% 탄수화물 식이를 하기 위해서는 정말 흰 쌀밥에 김치만 먹는 수준의 노력(?)이 필요하다. 그렇게 먹으면 힘들기도 하지만 건강에도 좋지 않다. 잡곡밥에 적절한 반찬과 요리를 먹는다면 대개 70% 이하는 충분히 달성할 수 있으며 실제 노인층을 제외한 한국인의 평균 식이를 조사하면 권장량에 근접할 뿐 아니라 젊은 층에서 탄수화물 섭취 비중이 감소하고 있기 때문에 탄수화물 섭취를 줄이기 위한 국

가적 캠페인은 하지 않고 있다. 현재 하는 것은 앞에서 설명했던 당류 저감 계획이다.

지금도 미디어와 인터넷을 통해 탄수화물 및 지방에 대한 혼란스러운 이야기들이 나오고 있으나 주요 가이드라인은 매우 명료하게 해법을 설명하고 있다. 쉽게 말해 밥을 주식으로 편식하지 않고 여러 음식을 섭취하면 되는 것이다.

13

탄수화물을 적게 먹어도
문제다?

그러면 반대로 탄수화물 섭취의 하한선도 있을까? 물론 존재한다. 탄수화물 섭취 하한선의 1차 목표는 케톤증을 예방하는 것이다. 이를 위해서는 하루 50~100g 정도의 탄수화물을 섭취해야 한다. 그런데 케톤증ketosis란 무엇일까? 우선 케톤체ketone body에 대해서 설명해야 할 것 같다. 케톤체는 지방 대사 산물로써 아세톤acetone, 아세토아세테이트산acetoacetate, 베타—옥시뷰티르산beta-hydroxybutyrate을 가르킨다. 대표적인 경우가 기아, 당질기아(탄수화물 섭취가 부족한 경우), 그리고 인슐린이 부족한 1형 당뇨 환자다.

기아 상태에 빠지면 우리 몸은 비축된 지방과 아미노산을 이용해서 에너지를 공급한다. 탄수화물이 없는 상태에서는 지방산의 대사 과정에서 케톤체가 과량 생산되는데, 이는 산acid 이기 때문에 대사성 산증metabolic acidosis인 케토산증ketoacidosis을 일으킨다. 심한 경우에는 혈액은 물론 소변과 호흡에서도 케톤체가 나오는데, 아세톤 때문에 입에서 손톱 매니큐어 제거제 비슷한 냄새가 날 수도 있다. 물론 이 정도로 산성화되면 거의 의식을 잃고 생명이 위험해지는 단계다. 이런 경우는 당뇨 환자 등 특수한 경우에만 생긴다(이를 DKA, Diabetic Ketoacidosis라고 부른다).

　다행히 일반인의 경우 사실 하루 밥 한 공기 수준의 탄수화물로도 케톤증을 예방할 수 있다. 우리 주변에서 케톤증을 보기 어려운 이유가 여기에 있다. 금식을 하더라도 일단 인체는 단백질에서도 에너지를 꽤 공급받기 때문에 처음에는 경증의 케톤증만 발생한다. 예외적인 경우는 탄수화물이 거의 공급되지 않는 당질 기아다. 물론 전체 열량은 부족하지 않는데 탄수화물만 고갈되는 경우는 매우 드물다. 극단적인 고지방 저탄수화물 다이어트가 바로 그런 드문 경우인데, 이 경우 케톤증을 포함 신체 대사에 상당한 부담이 가게 된다. 따라서 설령 체중이 감소하더라도 대부분 오래 지속하기 힘들다.

14

저탄수화물 고지방 다이어트 하면
살이 빠질까?

일반인을 위한 식생활 가이드라인은 대부분 탄수화물, 지방, 단백질의 3대 영양소를 적절히 배분하도록 권장하고 있다. 우리나라 가이드라인은 앞서 본 대로이며 WHO/FAO는 탄수화물 55~75%, 단백질 10~15%, 지방 15~30% 선으로 권장했다. 문화권에 따른 차이는 있지만 대개의 국가의 비율은 여기서 조금씩 차이가 있을 뿐 전체적인 경향은 비슷하다. 이는 탄수화물을 중심으로 충분한 단백질과 지방을 섭취하자는 이야기로 해석할 수 있다. 밥을 주식으로 잘 살고 있는 한국인을 기준으로 봤을 때 별 논란이 없어 보이지만, 이 책을 쓰는 시점에서 놀랍게도 고지방 저탄수화물 다이어트가 건강에 좋다는 이야기가 등장하고 있다. 이는 현재 나와 있는 가이드라인은 물론 우리의 경험적 지식과 맞지 않는 내용이다. 탄수화물과 채식 위주인 한국인과 일본인이 미국인보다 평균 수명이 길지 않은가?(참고로 평균 수명과 식이 패턴에 대한 흥미로운 이야기가 이 책의 마무리 부분에 있다)

그런데 이런 독특한 주장이 나온 데는 그럴 만한 이유가 있다. 전통적인

식사 패턴에 반대되는 이런 독특한 식이가 유행한 나라는 비만으로 큰 문제가 되고 있는 미국이다. 나중에 다시 설명하겠지만, 비만은 미국에서 국가적 문제라고 해도 과언이 아닐 만큼 유병률이 높기 때문이다. 따라서 이를 해결하기 위한 온갖 식이 요법이 의사는 물론 일반인에 의해서 고안되었는데, 대부분 효과가 없다는 것은 미국의 비만 유병률이 자꾸 올라가는 것만 봐도 쉽게 이해가 가능할 것 같다. 고지방, 고열량 식품이 넘치는 미국이 아닌가?

하지만 그런데도 불구하고 여러 시도가 계속된 것은 그럴 만한 이유가 있다. 비만 환자들에게 어떤 다이어트 식단을 처방하는 것이 가장 효과적인가를 두고 논란이 계속되었기 때문이다. 과거에는 저지방 고탄수화물 식이가 좋다고 했지만, 실제로 효과가 의문시되었다. 대안으로 나온 것이 어찌 보면 역발상이라고 할 수 있는 고지방 저탄수화물 식이다. 아예 포만감을 길게 유지시키는 지방을 많이 섭취해서 체중 감량에 도움이 될 수 있다는 것이다. 이에 대한 연구도 많이 발표되었다.

2003년 의학 분야에서 최고 권위를 지닌 뉴잉글랜드 의학 저널The new england journal of medicine, NEJM에 비만에 대한 무작위 실험randomized trial이 보고되었다. 저탄수화물, 고지방, 고단백질 식이(일명 엣킨스 다이어트, Atkins diet)를 진행한 결과 실험 대상자들은 3개월과 6개월에는 전통적인 식이보다 체중 감량 효과를 보였으나 1년이 지나자 아무 차이가 없었다.(17)

하지만 여기서 모든 논쟁이 마무리 된 것은 아니었다. 온갖 형태의 다이어트를 비교한 논문들이 미국을 중심으로 쏟아지고 있는데, 이는 비만이 그만큼 미국에서 심각한 문제이고 여러 식이 요법이 시도되고 있기 때문이다. 필자도 책을 쓰면서 처음 알게 된 사실인데 엣킨스 다이어트는 빙산에 일각에 불과했다. 여러 식이 요법에서 제안된 탄수화물, 지방, 단백질의 비율 조합은 칵테일 레시피를 방불케 할 만큼 다양했다. 그런데 결론적으로 말하면 대개의 연구들이 단기간에 걸친 식이 요법 연구라 장기간에 걸쳐 체중 감량을 이끌어냈다는 연구 결과가 매우 부족하다. 대개 이런 별난 식이 요법의 경우 장기간 유지가 어렵다는 점에서 당연한 결과이기도 하다.

그럼에도 불구하고 국내에서는 이런 제한적인 연구 결과를 소개하면서 마치 이것이 가장 좋은 식이 요법인 것처럼 주장하는 경우를 자주 볼 수 있다. 하지만 해외에서 진행된 연구 결과를 종합하면 일치된 결과가 나오지 않는 경우도 많으며 대개 1년 이내의 단기간 연구로 장기간에 걸쳐 인체에 미치는 영향을 알기 어렵다.

2년 정도의 장기 연구로는 2009년에 뉴잉글랜드 의학 저널에 발표된 다른 연구가 있다. 이 연구에서는 811명의 과체중 성인을 네 그룹으로 나눠 각기 저지방에서 고지방/저탄수화물에서 고탄수화물로 식이 비중을 달리했다. 서론에서 언급한 것처럼 사람은 실험동물이 아니기 때문에 이런 인위적인 식이를 2년 간 유지하는 건 쉽지 않은 연구라고 할 수 있다. 아무튼 2년에 걸친 연구 끝에 내린 결론은 열량 제한 식이를 하면 어떤 식사든 체중은 줄어든다는 것이다. 탄수화물 양의 35~65%, 지방 양을 20~40%로 바꿔가면서 테스트 했지만, 의미 있는 차이는 발견할 수 없었다.(18) 즉, 비율이 아니라 총 열량이 체중 감량에 영양을 미쳤다. 생각해 보면 당연한 이야기다. 적게 먹어야 살이 빠진다는 것은 너무 당연하지 않을까?

대한 비만학회에서 내놓은 2012년 비만치료 지침에서는 "당질과 지방의 비율보다는 주요 열량공급원인 이들 영양소의 총섭취를 조절하여 열량 섭취를 줄이는 데 일차적으로 관심을 기울이는 것이 중요하다."라고 했다. 참고로 비만학회에서 내놓은 일반적 저열량식 권장 비율은 탄수화물 50~60%, 지방 20~25%로 일반인과 크게 다르지 않다.

결론적으로 고지방 저탄수화물 식이가 건강한 일반인에서 유리하다는 증거는 없으며 비만 환자의 장기간 체중 감량 및 유지에 유리하다는 증거 역시 매우 불충분하다. 조금만 생각해 보면 당연한 이야기지만, 열량 기준으로 얼마나 먹는지가 체중 조절에 가장 중요한 요인이다.

15

저탄수화물 고단백 식이의
위험성

서구권에서 진행된 연구에서는 주로 고탄수화물 식이보다는 저탄수화물 식이의 위험성을 밝혀낸 것들이 많다. 이들 국가에서는 주로 고지방, 고열량 식이를 하는 것이 문제가 되고 있기 때문이다. 물론 패스트푸드와 가당 음료에는 적지 않은 첨가당이 들어가 있으나 그에 못지않게 지방도 많다. 동시에 고기 섭취량도 우리보다 높으므로 현재의 서구식 식이를 하게 되면 저탄수화물 고단백 식이를 하게 된다. 많은 역학 연구들이 이런 식이가 높은 사망률과 연관성이 있다고 발표했다.

에픽EPIC 연구의 일부분으로 그리스에서 1993년에서 2003년 사이 22,944명의 성인을 추적한 연구 결과 총 455건의 사망이 관찰되었는데, 이들을 분석한 결과 저탄수화물 고단백질 식이를 할수록 사망률이 높았다.(19) 저탄수화물 고단백 식이는 전체 사망률은 물론 심혈관, 암 사망률 증가 모두와 연관이 있었다.

스웨덴의 여성 생활습관 및 건강 코호트 연구Women's Lifestyle and Health cohort study에서는 30~49세 사이 여성 42,237명을 12년 간 추적 관찰해 식이 습관과 사망률의 연관성을 조사했다. 탄수화물 섭취량과 단백질 섭취량을 10등급으로 나눠서 탄수화물 섭취량은 낮을수록 단백질 섭취량은 높을수록 높은 점수를 부여했는데, 1등급씩 증가할수록 전체 사망률은 2~6%, 심혈관 사망률은 13~16% 증가하는 소견을 보였다.(20)

미국에서 진행된 간호사 건강연구NHS 및 의료 전문가 추적 연구HPFS 연구에서는 85,168명의 여성 및 44,548명의 남성에서 발생한 12,555건의 사망 케이스를 분석해 역시 저탄수화물 식이가 전체 사망률을 12% 정도 높일 수 있다고 보고했다.(21) 다만 이후 드러난 사실에 의하면 탄수화물을 동물성과 식물성 단백질 어느 것으로 대체했는지에 따라 다른 결과가 나왔는데, 단백질 부분에서 다시 설명하게 될 것이다.

아무튼 이상의 연구 결과들은 저탄수화물 식이가 최소한 건강하지 않은 건 물론이고 사실 위험할 수 있다는 것을 시사한다. 언젠가 이와 같은 연구 결과가 다시 TV나 다른 미디어를 타게 되면 최근 인기를 끈 저탄수화물 고지방 식이 대신 고탄수화물 저단백 식이가 인기를 끌게 될지도 모른다. 물론 상당수 사람들은 도대체 어떤 말이 맞는 것인지 어리둥절하게 될 가능성이 크다. 그러나 사실 연구 내용을 뜯어보면 현재 가이드라인을 변경해야 할 부분은 하나도 없다. 우리는 종종 다른 나라의 연구 결과가 상당히 다른 식생활 및 생활 습관을 가진 국가에서 나왔다는 사실을 망각한다.

예를 들어 NHS/HPFS 연구에서 가장 탄수화물 섭취가 높은 상위 10% 그룹의 탄수화물 섭취량은 60%를 조금 넘는 수준에 불과해 한국인 평균에도 미치지 못했다. 그리고 가장 탄수화물 섭취가 적은 10%는 30%대로 우리나라 같으면 상상도 하기 어려운 수준으로 탄수화물 섭취가 적었다. 사실 이 정도로 탄수화물 섭취가 적고 대신 지방과 단백질 섭취량이 높다면 건강한 식생활이라고 보기 매우 어려울 것이다. 결론적으로 이 연구는 탄수화물을 주식으로 삼아도 안전하다는 것을 시사하지만, 그렇다고 한국인에게 지금보다 더 높은 수준의 탄수화물 섭취를 권장하지는 않는다. 그보다는 현재 가이드라인에서 권장하는 수준(55~65%)이 적절함을 시사한다.

16
잡곡밥을 먹으면 좋은 이유

    그냥 쌀밥보다 현미, 보리 등을 섞은 잡곡밥이 건강에 더 좋다는 이야기는 여러 번 들었을 것이다. 그런데 사실일까? 요즘 온갖 범람하는 건강 정보들 가운데는 검증되지 않은 비과학적인 내용이 너무 많다. 그런 만큼 이제는 과거에 진리로 믿었던 사실도 진실인지 의심이 가는 시대다. 하지만 잡곡밥이 유리하다는 이야기에는 그럴 만한 근거가 있다.

  잡곡밥은 섬유질, 비타민, 기타 영양분을 골고루 섭취할 수 있어 편식의 가능성을 줄이고 영양학적으로 더 우수한 성질을 가지고 있다. 다만 아직 국내에서는 잡곡밥과 쌀밥을 주로 먹는 인구 집단에 대한 역학 연구가 다소 부족한 것 같다. 하지만 해외에서 진행된 연구를 참조하면 통곡물 섭취가 더 유리하다는 연구 결과가 많다.

  통곡물^{whole grain}이란 표현은 곡물에서 씨눈 및 겨를 제외하지 않은 것을 말한다. 그리고 씨앗의 가장 안쪽에 있는 배젖 부분을 남기고 나머지 껍질과 씨눈을 제거하는 과정을 도정이라고 한다. 쌀의 예를 들어 설명해 보자. 벼를 수확한 후 탈곡기를 거쳐 얻은 쌀은 아직 왕겨라는 가장 밖에 존

재하는 껍질에 둘러쌓여 있
다. 이를 벗긴 쌀을 현미라
고 한다. 현미는 과피, 종피
라는 껍질이 있으며 그보다
더 아래에는 호분층과 씨눈
(쌀눈)이 존재한다. 호분층
에는 지방, 단백질과 더불어

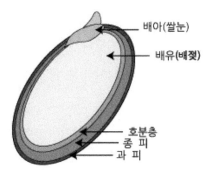

현미의 구조

아밀라아제 같은 효소가 존재해 배젖을 소화시켜 씨눈이 발육하는 데 도움
을 준다. 보통 도정을 하고 남은 겨에는 씨눈, 호분층, 과피, 종피 부분이
모두 들어있다. 그 양은 도정의 정도에 따라 다르지만 보통 6~8% 정도다.
여기에는 지방, 단백질, 미네랄, 비타민이 풍부하다. 따라서 현미를 도정하
면 배젖의 주성분인 탄수화물을 제외한 각종 영양소는 줄어들게 된다. 밀
도 비슷한 도정 과정을 거치는데, 이를 거치지 않은 곡물을 통곡물이라 부
른다. 당연히 백미처럼 정제된 곡물은 탄수화물이 대부분이며 현미처럼 잘
정제되지 않은 곡물은 통곡물에 가까워 더 다양한 영양소를 지니고 있다.

　최근 서구에서 이뤄진 역학 연구에서 통곡물을 많이 섭취하는 것이 도정
을 많이 한 곡물refined grain만 섭취하는 것보다 실제로 더 건강에 좋다는 점
이 밝혀지고 있다. 그런데 구체적으로 어떻게 좋다는 이야기일까?

　2016년, 영국 의학 저널BMJ에 실린 체계적 문헌 고찰과 메타 분석에서
는 이전에 발표된 45개 연구를 종합해 분석했다.(22) 그 결과에 의하면 하
루 90g의 통곡밀을 섭취하는 경우 관상동맥 질환의 상대 위험도는 19% 감
소하고 심혈관 질환 위험도는 22% 정도 감소하는 것으로 나타났다. 전체
사망률 감소는 15% 정도였다. 이와 같은 효과는 하루 210~225g까지 양(+)

반응 상관관계를 보였다. 또 많은 연구에서 통곡밀 섭취는 당뇨병 위험도를 줄이는 것으로 나타났다. 예를 들어 16만 이상의 여성을 대상으로 한 간호사 건강 연구 I/II 데이터 분석은 통곡밀 섭취와 당뇨 발생 위험도가 분명한 역(−)상관관계를 나타냈다.(23)

이와 같은 연구 결과에 따라서 2015년 새롭게 나온 8차 미국인을 위한 식생활 가이드에서는 통곡물을 많이 섭취하도록 권장했다. 좀 더 구체적으로 말하면 전체 곡물 섭취의 절반 이상을 통곡밀로 하되 곡물 섭취량은 2,000kcal 열량 섭취 시 하루 6온스(170g) 정도로 제안했다. 이는 하루 3온스(85g) 이상의 통곡물을 섭취하도록 제안한 것이다. 동시에 미 당뇨학회 및 암 학회, 심장협회 등 여러 가이드라인도 통곡물 섭취를 권장했다.

우리나라의 경우 오래전부터 잡곡밥을 먹어왔다. 물론 건강상의 이유보다는 경제적인 이유가 더 크긴 했지만, 쌀밥만 먹는 경우보다 사실 더 건강한 식습관이다. 현미의 경우 수확한 벼를 건조한 후 왕겨만 벗겨낸 쌀이기 때문에 보다 통곡물에 가까워 흰 쌀밥보다 지방, 단백질, 식이섬유, 비타민 등이 풍부하다. 다만 식감이 좋지 않은 것이 문제인데 이미 우리 조상들은 백미와 혼합해서 먹는 훌륭한 방법을 알고 있었다. 사실 우리는 굳이 검증되지 않은 독특한 건강법이나 식생활을 따라할 필요가 없다. 현미는 물론 보리나 쌀보리, 콩 등을 섞어서 혼식하는 것은 그 자체로 좋은 식습관이다. 특히 콩을 섞어 먹는 것의 이로움은 뒤에서 다시 설명할 것이다.

17

올리고당이 더 건강하다?

　　올리고당^{oligosaccharides}은 이름처럼 다당류인데 숫자가 많지 않은 것을 의미한다. 좀 더 구체적으로는 단당류가 3~10개 정도 결합한 형태다. 보통은 긴 다당류가 효소로 분해되는 과정에서 나오지만, 자연적으로 소량 분포하고 있다. 생화학이나 생물학을 전공한 사람들에게나 알려졌던 올리고당이 갑작스럽게 대중의 주목을 받은 이유는 첨가당이 건강에 매우 좋지 않다는 사실이 밝혀진 다음이다.

　올리고당은 녹말과는 달리 단맛이 나면서 단당류나 이당류가 아니기 때문에 흡수 속도가 설탕이나 과당보다 느리다. 이런 특징 때문에 식음료 회사의 주목을 받았다. 여기에는 여러 종류가 있는데, 이중에서 프럭토올리고당(Fructooligosaccharides, 이하 FOS)에 대해서 잠시 알아보자.

　FOS는 이름처럼 과당과 포도당이 결합된 것으로 설탕과 다른 점은 3개이상의 분자가 축합 반응으로 결합했다는 것이다. 비록 단맛은 불행히 설탕의 30~50%이지만, 이를 첨가할 경우 설탕을 첨가하지 않았다는 설명과더불어 다른 이점도 누릴 수 있다. 일부 연구에서 이 올리고당이 좋은 유산

균으로 알려진 비피더스균^{Bifidobacteria}의 성장을 촉진하는 것으로 나왔기 때문이다. 이로 인해 첨가당의 일종이면서도 FOS는 건강성 기능 식품으로 첨가되기 시작했다.

그런데 정말 이 올리고당이 건강에 좋을까? 결론부터 말하면 아직 그런 증거는 부족하다. 사실 장내에서도 FOS는 비피더스균 이외에 다양한 장내 세균에 의해 대사된다. 현재까지 FOS에 대해서 가장 믿을 만한 연구는 하루 20g까지는 독성이 없다는 것이다.(24) 이를 근거로 미국 FDA는 이 물질을 GRAS(일반적으로 안전한 물질)로 분류했다. 하지만 설탕도 GRAS로 분류한다는 점을 참조하자. 장기간에 걸쳐 매우 과량으로 섭취했을 경우의 안전성은 확립되어 있지 않다.

올리고당은 우리가 흔히 먹는 당류가 아니라 일부 제품에만 첨가되어 있다. 따라서 설탕이나 액상과당과는 달리 현재까지 일반 인구 집단에서 장기간 섭취 시 어떤 영향을 미치는지 충분한 연구가 부족한 것 같다. 물론 일부 연구에서 변비에 효과가 있다는 보고 등이 있기는 하지만, 기적의 약물이 아닌 점은 분명한 만큼 그 효능을 지나치게 강조하는 광고는 한번 걸러서 받아들일 필요가 있다.

흥미로운 것은 요즘 요리에 첨가하는 물엿 가운데는 맥아당 대신 올리고당을 사용한 것들이 있다는 것이다. 대개는 가장 저렴한 녹말인 옥수수 전분을 효소로 처리해서 더 작은 크기로 쪼갠 것으로 종류에 따라 맥아당보다 더 단맛을 낼 수 있다. 이 역시 첨가당에 들어가므로 적당한 수준으로 맛을 내는 데 사용하고 너무 과용하지 않기 바란다. 기존의 맥아당 물엿에 비해서 더 건강하다는 근거는 없다.

18
인공 감미료는 안전할까?

　　첨가당에 대한 위험성이 부각되면서 더 건강한 음료를 찾으려는 소비자의 선택이 이어지고 있다. 사실 앞서 이야기한 올리고당 역시 그런 경우라고 할 수 있다. 하지만, 올리고당은 단맛 자체가 강하지 않아서 사실 식음료 업계에서 널리 사용된다고 보기는 어려울 것 같다. 기존의 액상과당이나 설탕에 견줄 만한 단맛을 지니면서도 고열량을 가지지 않은 당류를 찾던 식음료 업계에 구세주가 등장했으니 바로 인공 감미료artificial sweetener다. 대표적인 인공 감미료는 사카린, 아스파탐, 소르비톨, 수크랄로스 그리고 여기서 이름을 다 열거하기 힘들만큼 많은 수의 인공 감미료가 첨가당 대신 여러 식품에 들어가고 있다. 솔직히 말하면 당류에 중독된 필자도 어쩔 수 없이(?) 인공 감미료가 든 음료를 마시곤 했다.

　　현재 시중에 나와 있는 주요 인공 감미료는 인체에 특별한 해가 없는 것들이다. 하지만 인공 감미료의 다양한 종류를 감안할 때 최소한 그 중 몇 개에서 지금까지 알려지지 않은 문제가 있을 수도 있다. 이런 이유로 인공 감미료가 인체에 미치는 영향에 대해 연구가 계속 진행 중이지만, 일부 인

오래전 독일에서 판매된 사카린 포장 제품. 사카린이라고 하면 일본에서 들여온 인공 감미료로 생각하는 경우가 있는데, 실제로는 1879년 존스 홉킨스 대학의 콘스탄틴 팔베르크(Constantin Fahlberg)가 우연히 발견한 인공 감미료로 역시 손에 묻은 단맛이 나는 물질에서 비롯된 것이다. 사카린은 제1차 세계대전 당시 설탕 공급이 부족해지면서 크게 대중화되었다.

터넷 괴담에서 나오는 것처럼 유해성 높은 물질이 시판되고 있지는 않으니 막연히 불안해할 이유는 없다. 물론 반대로 꼭 섭취할 이유도 없으니 선택은 개인의 자유다.

과거 사카린이 실험동물에서 방광암과의 연관성이 나타나 일부 국가에서 금지되었으나 현재는 인체에서 이와 같은 부작용을 일으키지 않는 것으로 보고 있다. 따라서 미국 FDA를 비롯한 여러 나라의 보건 당국이 이를 위험한 물질에서 제외시켰다. 하지만 과거 악명을 떨친 탓에 요즘은 많이 쓰이지 않는 편이다. 이미 사카린 대신 사용할 수 있는 수많은 인공 감미료가 나와 있어 식음료 제조사들도 굳이 사카린을 고집할 이유가 없다.

따라서 여기서는 사카린보다는 인공 감미료 가운데 청량음료에 주로 들어가면서 국내에서도 가장 많이 소비되는 인공 감미료로 알려진 아스파탐 Aspartame에 대해서 잠시 언급하고 싶다. 아스파탐은 1965년 미국에서 궤양 치료제 목적으로 처음 개발되었다. 이를 합성한 화학자인 제임스 슐라터 James M. Schlatter는 아스파탐에 오염된 손으로 손가락을 입에 댔다가 이 물질이 단맛이 난다는 사실을 발견했다. 그야말로 예기치 않은 발명이었던 셈이다. 하지만 이 물질이 FDA 승인을 받기까지는 좀 오랜 시간이 걸려 1981

년에야 승인을 받을 수 있었다. 유럽에서 전체적으로 승인을 얻은 것은 1994년이었다.

아스파탐은 사실 당류와 비슷한 열량을 낸다. 다만 단맛이 설탕에 200배라 사실상 제로 칼로리 음료를 만들 수 있다. 하지만 아스파탐에도 단점은 있다. 열에 약하다는 것이다. 하지만 이런 단점은 탄산음료를 만드는 제조사에게는 별로 큰 문제가 아니었다. 콜라를 뜨겁게 데워 마실 사람은 거의 없을 것이기 때문이다. 더구나 아스파탐은 다른 인공 감미료와는 다르게 쓴맛이 없고 깨끗한 뒷맛을 남기며 탄산음료 본연의 맛을 더 좋게 만드는 특징이 있어 가당 음료에 설탕과 액상 과당의 대체품으로 선호되고 있다.

그런데 사실 아스파탐은 사카린만큼이나 많은 누명(?)을 쓴 물질이기도 하다. 여러 차례 이 물질이 다양한 질병의 원인이 된다는 괴담이 나왔던 것이다. 하지만 여러 실험 및 역학 연구에서는 이와 같은 가능성이 부정되었다. 2013년 유럽 연합은 이 물질의 안전성을 다시 검증했는데, 결과적으로 현재 섭취량에서 안전하다는 결론을 내렸다.(25)

그러나 한 가지 예외적인 상황이 있다. 아스파탐의 IUPAC(국제 순수 및 응용화학연맹) 명칭은 Methyl L-α-aspartyl-L-phenylalaninate로 이 물질이 분해되면 페닐알라닌phenylalanine이 형성된다. 그런데 체내에 이 물질을 처리하는 능력이 결여된 페닐케톤뇨증 환자에게는 이것이 치명적이다. 따라서 페닐케톤뇨증 환자는 아스파탐을 섭취하면 안 된다.

19

다이어트 콜라 마셔도 살찐다?

인공 감미료는 대체로 안전하다고 할 수 있다. 그런데 그렇다면 첨가당을 인공 감미료로 대체해서 훨씬 안전한 음료와 식품을 만들 수 있지 않을까? 과도한 열량 섭취가 문제라면 인공 감미료는 첨가당의 훌륭한 대안처럼 보인다. 하지만 불행하게도 대부분의 연구 결과는 인공 감미료가 더 건강하다는 증거를 제시하지 못했다.

이전에 발표된 여러 역학 연구들은 인공 감미료가 든 음료와 식품을 섭취해도 비만과 연관성이 있다고 보고했다.(26) 여기에는 여러 가지 이유가 있겠지만, 탄산음료를 자주 마시는 식습관 자체가 열량이 매우 높은 패스트푸드 섭취와 상관이 있는 것이 중요한 이유 가운데 하나일 것이다. 예를 들어 패스트푸드 식당에서 다이어트 콜라와 피자, 다이어트 콜라와 햄버거, 다이어트 콜라와 치킨을 주문하는 경우를 생각해 보자.

과연 이런 식사를 먹으면 살이 빠질까? 누구도 그렇게 생각하지 않을 것이다. 물론 반대의 가능성도 있다. 다이어트 콜라를 주로 마시는 사람이 과연 누구일까? 아마도 체중이 많이 나가는 비만 환자가 이런 음료를 가장 선호할 것이다.

그런데 몇몇 연구들은 이것이 전부가 아니라고 설명하고 있다. 아스파탐을 비롯한 인공 감미료가 물이나 가당 음료보다 식욕을 촉진한다는 연구들이 있다. 쉽게 말해 다이어트 콜라와 피자를 먹었더니 피자를 더 많이 먹게 된다는 것이다. 인간의 뇌는 단맛을 인지하지만, 실제로 포도당이나 과당이 흡수되지 않기 때문에 결국 우리 몸은 이를 공복 상태로 인지하고 공복감과 식욕을 자극한다. 결국 전체 열량 섭취는 줄지 않는다. 또한 평소에 달게 먹는 경우 단 음식에 대한 기대치가 커지면서 기회만 되면 단 음식을 먹으려고 하는 성향이 생긴다. 지금 생각해보니 실제로 필자가 그런 것 같다.

흥미롭게도 몇몇 실험에서는 이런 식단을 피하고 탄산음료에 대한 참을 수 없는 갈증만 다이어트 음료로 대체한 경우들이 있다. 당연히 이런 경우라면 살은 빠질 것이다. 열량 섭취가 감소하기 때문이다. 하지만 과연 실제로 이런 일이 우리 일상 생활에서 일어나는지는 다소 의문이다. 결론적으로 말하면 다이어트 음료 자체는 기피할 만큼 위험하지는 않다. 그러나 건강한 식생활 습관과는 거리가 있을지 모른다.

20

과일 속의 과당도 위험할까?

우리는 앞서 첨가당으로 들어가는 과당에 대해서 주로 다뤘다. 하지만 과연 자연적으로 들어가는 단순 당류는 어떻게 다뤄야할까? 아마도 전화당의 일종이라고 할 수 있는 꿀을 음료처럼 마시는 경우는 많지 않을 것이다. 꿀이 포함된 가당 음료를 선호하는 취향도 있을 수 있지만, 전체 판매량에서 차지하는 비중이 크지 않기 때문이다. 그보다 일반적인 경우는 과일 속에 있는 과당을 먹는 경우일 것이다. 우리는 슈퍼에서 언제든지 다양한 과일을 사 먹을 수 있는 시대에 살고 있다. 과일은 맛도 좋고 수분과 각종 영양소가 풍부한 좋은 식품이다. 다만 과일의 가진 열량의 대

부분은 과당이다.

과일에 포함된 당류의 양은 과일의 종류에 따라서 천차만별인데, 우리는 보통 당도가 높은 과일은 선호한다. 그래도 과일을 통해 섭취하는 당

류는 하루 15.3 ± 0.3g 수준으로 높지 않다. 현재 섭취 수준에서 먹게 되는 대개의 단순 당류는 앞서 본 것과 같이 가공 식품이 가장 큰 비중을 차지하며 과일은 당류 섭취의 1/4 수준에 불과하다. 이는 과일이 대부분 수분이고 부피에 비해서 열량이 낮은 것과 관계있다. 첨가당이 듬뿍 들어간 가당 음료나 과자와는 달리 같은 양의 당류를 과일로 섭취하면 금방 배가 부르거나 물려서 못 먹게 될 것이다.

예를 들어 사과 2kg을 먹어야 1000kcal의 열량을 섭취할 수 있다. 따라서 과일 섭취는 과도한 열량 섭취를 방지하고 수분과 다양한 비타민, 미네랄, 식이 섬유를 섭취하는 효과가 있어 과당의 위험을 상쇄하고도 남는 효과가 있다. 동시에 이것은 당류의 섭취 총량 이상으로 어떤 음식에서 섭취하는지가 중요하다는 것을 의미한다. 앞으로 계속 언급하겠지만, 우리는 탄수화물, 지방, 단백질이 아니라 이것들이 들어있는 음식을 먹는다. 따라서 탄수화물이나 당류 몇 %보다 어떤 음식을 먹는지가 더 중요할 수 있다. 과일이든 가당 음료든 간에 과당은 동일하게 섭취된다. 하지만 농축된 당류만을 먹느냐 아니면 다른 영양소도 같이 섭취하느냐는 상당한 차이를 만들 수 있다. 이와 비슷한 이야기를 앞으로 오메가-3에서 하게 될 것이다.

다시 본론으로 돌아가면 세계보건기구와 세계식량기구 합동 권고안^{WHO/FAO report recommends}은 하루 과일과 채소류를 400g 정도 섭취할 것을 권장하고 있으나 실제로는 여기에 모자란 경우가 드물지 않다.(27) 이 보고서의 추산에 의하면 연간 과일 및 채소 섭취 부족과 연관된 조기사망은 연간 170만 명에 달한다.

다행한 점은 우리나라의 경우 야채 채소류 섭취가 적지 않은데다 과일류 섭취도 아주 적은 편은 아니라는 점이다. 2013년 국민 영양 통계에 의하면 남녀의 평균 채소류 섭취는 337g과 263g이었으며 과실류는 156g과 187g으로 둘을 합치면 하루 400g 이상 섭취하는 것으로 드러났다. 일반적으로 한국인의 경우 김치와 국, 기타 반찬 통해서 야채와 채소를 충분히 섭취하는 편이고, 후식이나 간식으로 과일을 선호하는 편이라서 섭취가 심각하게 부족한 편은 아니다. 다만 과일 섭취는 약간 더 늘릴 수 있을 것 같다.

식후 디저트나 혹은 간식으로 과자류나 케이크, 아이스크림과 과일을 먹는 것 가운데 어느 것이 더 건강할지는 상식적으로 쉽게 판단이 가능할 것이다. 그리고 더 나아가 과일 섭취가 실제로 심혈관 질환 예방에 도움이 된다는 증거가 있다. 한 메타 분석에서는 과일을 하루 77g/야채 80g을 더 섭취할 경우 심혈관 사망률이 4%씩 줄어드는 것으로 나타났다. 동시에 뇌졸중의 가능성은 11%씩 감소했다. 다만 5회 분량에 해당하는 385/400g 이상에서는 추가적인 이득은 없었다.(28, 29) 따라서 2016년 유럽 심장학 학회 ESC 권고안에서는 하루 200g 이상의 과일과 하루 200g 이상의 야채를 섭취할 것을 권장하고 있는데, 이는 WHO 권고안과 사실 크게 다르지 않은 이야기다. 물론 미 당뇨 협회 및 암학회도 충분한 과일 및 야채 섭취를 권장하고 있다.

물론 혈당 조절이 잘 되지 않은 당뇨 환자라면 한번에 너무 많이 먹거나 주스 형태로 먹는 일은 피해야 할 것이다. 동시에 과일 주스는 과일만 들어 있는 게 아닐 수도 있다. 사실 많은 과일 주스가 과일과 첨가당을 넣은 가당 음료다. 이것은 딸기 우유나 바나나 우유가 사실 가당 음료인 것과 같은 이치다. 따라서 당류를 듬뿍 넣은 과일 주스는 너무 자주 마시지 않도록 주의하자.

21

내 몸에 필요한 식이 섬유는?

　　식이 섬유를 탄수화물과 같은 장에서 설명하는 게 이상하게 느껴질 수 있다. 하지만 식이 섬유의 정체는 사실 탄수화물이다. 식이 섬유는 사실 광고나 언론을 통해서 이미 친숙한 단어이지만, 당류와 탄수화물처럼 구체적으로 무엇인지를 물어보면 정확히 알고 있는 경우를 보기 어렵다. 사실 식이 섬유의 정의는 전문가와 기관에 따라서 조금씩 차이가 있다. 초기의 정의는 인간의 소화효소에 의해 가수분해 되지 않는 식물세포벽의 잔여물이었다. 식물세포벽의 잔여물이라고 하면 쉽게 와 닿지 않을 수 있으나 셀룰로오스^{Cellulose}를 떠올리면 좀 더 이해가 쉬울 것이다.

　　셀룰로오스는 식물 세포벽의 주요 구성 물질 가운데 하나로 사실 그 정체는 포도당이 축합 반응에 의해 결합된 것이다. 따라서 탄수화물의 일종이며 수천 개의 포도당 분자가 녹말과 다른 방법으로 결합되어 길고 튼튼한 섬유를 만들기 때문에 섬유소라고 부른다. 흥미로운 사실은 수많은 동물들이 식물을 먹지만 이 셀룰로오스를 직접 분해하지 못한다는 것이다. 따라서 소나 양 같은 초식동물은 장내에 있는 미생물이 내놓는 셀룰라아제를 통해 셀룰로오스를 분해해서 에너지를 얻는다. 그런데 인간의 경우 그런 초식 동물이 아니라 섭취한 셀룰로오스 대부분은 일부 장내 미생물이 소화시키는 것을 제외하면 그냥 대변과 함께 나오게 된다. 따라서 사람에서는 사실 큰 의미가 없는 성분처럼 여겨졌으나 20세기 후반부터 셀룰로오스를 비롯한 식이 섬유 섭취가 부족하면 대장암과 심혈관 질환의 위험도가 높아진다는 사실이 알려져 큰 관심을 끌었다.

이후 식이 섬유에 대한 연구가 진행되면서 그 정의는 식물세포벽에 있는 물질을 포함해 포유동물의 소화효소에 의해 분해되지 않는 탄수화물성 성분은 모두 식이 섬유로 정의를 넓히고 있다. 좀 더 넓은 범위의 식이 섬유는 셀룰로오스만이 아니라 헤미셀룰로오스hemicellulose, 펙틴pectin, 리그닌lignin 같은 식물 세포벽 유래 성분과 검질gums, 점액질mucilage과 같은 식물세포 중의 다당류, 그리고 난소화성 전분resistant starch, 난소화성 올리고당, 키틴chitin, 키토산chitosan 등까지 포함한다. 이 정의에 의하면 동물성 성분도 식이 섬유가 될 수 있으나 일부에서는 아직도 식물 유래 성분만을 정의하기도 한다. 분명한 것은 우리가 주로 섭취하는 식이 섬유는 식물 세포벽에서 유리한 셀룰로오스 같은 고분자 섬유성분이라는 것이다.

식이 섬유는 물에 녹는지 여부에 따라서 불용성과 수용성 식이 섬유로 나눌 수 있다. 불용성 식이 섬유에는 셀룰로오스, 헤미셀룰로오스, 리그닌 등이며 우리가 과일, 채소, 현미, 통밀 등에서 주로 섭취하게 된다. 키틴과 키토산도 불용성 식이 섬유 범주에 들어가는데 새우, 게 같은 갑각류의 껍질에 풍부하다. 하지만 후자는 우리가 통상적으로 많이 섭취한다고 보기는 어려울 것이다. 수용성 식이 섬유는 펙틴, 검, 뮤실리지, 알긴산, 한천 등이 있으며 여러 식품이 들어가 있다. 물질 자체는 친숙하지 않지만, 수용성 식이 섬유가 대중에게 친숙해진 이유는 아마도 광고 때문일 것이다.

셀룰로오스를 비롯한 식이 섬유는 장내에서 쉽게 분해되지 않아 장내에서 대변의 양을 늘린다. 이는 대변의 양을 적절하게 유지하고 장에 자극을 줘서 변비를 예방할 뿐 아니라 대장암 같은 심각한 질환의 예방에도 도움이 된다. 이는 발암물질과의 접촉 시간과 면적을 줄이는 역할을 하기 때문으로 생각되고 있다. 동시에 영양분의 흡수 시간을 늦춰 당뇨병에 유리하다는 증거들이 있다. 여러 역학 연구를 통해서 심혈관 질환을 예방하는 효과도 있다는 것 역시 알려졌다. 이는 식이 섬유가 에너지 흡수 속도를 조절하고 장내 미생물이 이를 이용해서 여러 가지 유용한 물질을 만드는 것과 연관이 있어 보이지만 앞으로 더 많은 연구가 필요한 부분이기도 하다. 아무튼 여기서는 적절한 식이 섬유 섭취가 중요하다 정도로 간략하게 설명하겠다.(물론 권장량보다 많이 먹는 것이 더 유리하다는 증거 역시 없다. 몇 가지 문제가 생길 수 있으니 너무 과용하지 않도록 주의하자.)

더 중요한 이야기는 권장 섭취량이다. 미국과 캐나다의 경우 심혈관 질환을 예방하는 것으로 관찰된 섭취 수준을 열량 1,000kcal 섭취당 14g으로 보고 있다. 한국인의 경우에는 1000kcal당 12g 정도로 정했다. 적절한 권장 섭취량을 정하기 위해서는 더 많은 연구가 필요해 보이지만, 이보다 더 적게 설정하는 것은 외국의 사례를 볼 때 근거가 없는 것 같다. 이는 남자로 치면 하루 25g, 여자는 20g 정도다. 여기서 놀라운 일은 상당수 한국인이 이 기준에 다소 미달한다는 것이다. 과일, 채소 섭취량이 아주 적은 편이 아니라는 점을 생각하면 다소 의외다. 주목할 부분은 10g/1,000kcal에서 조금씩 더 낮아진다는 것이다.

이는 과거에 비해서 식생활이 서구화됨과 동시에 가공 식품의 섭취가 늘어난 것과 연관이 있어 보인다. 바쁜 도시 생활을 하다 보면 편의점에서 식사를 챙기거나 적당히 가공 식품으로 해결하는 경우도 적지 않을 것이다. 따라서 WHO/FAO 권장량에 비해서 과일 및 채소 섭취가 크게 부족한 것은 아니지만, 좀 더 섭취를 권장할 필요성이 있어 보인다.

사실 2013년 국민건강영양 조사에서는 권장량보다 더 많은 식이 섬유를 섭취하는 경우가 21.5%에 불과했다. 동시에 젊은 연령과 소아에서 더 부족한 양상으로 이미 엄청나게 증가한 대장암 유병률을 고려할 때 식이 섬유 섭취를 더 권장할 필요성이 대두되고 있다. 이를 위해서는 적절한 식품을 찾아야 한다. 그런데 사실 여기에 우리가 잘 모르는 식이 섬유의 비밀(?)이 있다.

22

식이 섬유의 반전

앞서 한국인의 과일/채소 섭취량은 WHO/FAO 가이드라인 대비 낮은 편은 아니라고 설명했다. 그런데 어떻게 식이 섬유 섭취량은 약간 적을 수가 있을까? 여기에 우리가 알고 있는 지식의 허점이 있다. 사과의 예를 들어 설명해 보자(참고로 품종에 따라서 같은 과일과 채소라도 식이 섬유 함량이 다를 수 있으며 껍질 채 먹는지 아닌지에 따라서 달라진다는 것도 감안하자).

사과는 맛있을 뿐 아니라 아주 좋은 식품이다. 그런데 과연 식이 섬유는 얼마나 있을까? 여기에 의외의 반전이 있다. 사과(부사) 중량의 86% 정도는 사실 수분이다. 나머지 성분 가운데 탄수화물이 차지하는 비중은 13.1% 정도다.[1] 그런데 이 탄수화물 성분의 대부분은 당류이고 1.4% 정도가 사실 식이 섬유다. 그러면 바나나는 어떨까? 사실 큰 차이는 없다. 식이 섬유는 100g당 2.5g 정도다. 포도는 100g당 0.9g(껍질 제외), 오렌지는 2g 정도다. 토

---

1 사실 25페이지에 있는 식품 성분표가 사과(부사)의 것이다. 여기에는 설명이 없지만, 미 농부무 자료 등 다른 자료와 비교했을 때 이는 껍질을 제외한 것으로 보인다. 사과는 껍질에도 식이 섬유와 비타민을 포함한 영양소가 풍부하다.

마토는 거의 수분만 있는 과일로 식이 섬유가 1.2g에 불과하다. 토마토는 수분이 94%에 달해 사실 열량도 낮기 때문에 단맛은 나지 않겠지만 대신 다이어트용으로 적합하다.

김치의 가장 중요한 원료인 배추는 어떨까? 사실 배추는 과일보다 수분 함량이 높다. 100g당 식이 섬유의 양은 생각보다 적은 1~2g 수준이다. 한국인이 권장량의 식이 섬유를 섭취하지 못한다는 이야기가 이제 이해될 수 있다. 그러면 대체 어디서 식이 섬유를 보충해야 할까? 정답은 여러 곡물과 다양한 식재료에 있다.

의외로 많은 식이 섬유를 가진 식품이 바로 미역 같은 해조류다. 버섯류도 상당한 식이 섬유를 가지고 있어 말린 표고버섯의 38%가 식이 섬유다. 물론 수분이 포함되면 이보다 낮아진다는 것은 감안해야 하지만 이를 반찬과 국으로 섭취하면 충분한 식이 섬유 섭취에 도움이 된다. 그런데 김치를 포함 반찬과 국을 많이 먹으면 그만큼 나트륨(소금) 섭취도 증가하는 문제가 있다. 여기서 대안이 될 수 있는 것이 충분한 과일 섭취와 더불어 다양한 곡물을 먹는 것이다.

강낭콩, 검정콩 같은 콩류는 단백질만이 아니라 식이 섬유가 풍부다. 100g당 강낭콩은 24.3g, 검정콩/서리태는 26g 수준으로 식이 섬유가 풍부하다. 물론 콩류는 품종이 매우 다양해서 영양 성분이 종류별로 차이가 있지만, 쌀이 탄수화물 중심인데 반해 콩류는 탄수화물, 단백질, 지방이 상당히 균등하게 배분된 식품이다. 다만 콩만 먹기는 다소 어려울 수 있으므로 이를 잡곡밥에 혼합해 먹는다면 영양학적으로 꽤 균형 있는 식사가 가능하다. 만약 콩으로 만든 요리만 먹을 경우 단백질, 지방, 식이 섬유는 풍부하나 탄수화물이 부족해지므로 가능하면 서로 보완해줄 수 있게 먹는 것이

유리하다. 예를 들어 쌀밥에 두부 요리 같은 조합이 가능하다.

보리(겉보리) 역시 식이 섬유가 많은 곡물 가운데 하나로 19.8%가 식이 섬유다(물론 밥을 짓기 전 생것 기준). 따라서 쌀과 섞어서 밥을 지을 경우 생각보다 많은 식이 섬유 섭취가 가능하다. 보리, 현미, 콩을 섞어 먹으면 밥만 먹어도 단백질, 지질, 탄수화물, 식이 섬유, 비타민 등을 보다 균형 있게 섭취할 수 있다.

참고로 곡물류에 의외로 많은 식이 섬유가 들어있는 이유는 수분이 거의 없는 씨앗이기 때문이기도 하다. 밥을 지으면 수분이 들어가면서 중량당 식이 섬유 비중은 줄어든다는 점도 감안해야 한다.

23
결론

　　이번 장의 결론은 간단하다. 탄수화물을 주식으로 삼더라도 안전하지만 너무 많이 섭취하는 것보다는 적당히(55~65%) 섭취하는 것이 적절하다. 반면 첨가당 섭취는 전체 열량의 10%를 넘지 않게 조절하자. 과일에 있는 자연 유리당은 현재 섭취 수준에서 크게 위험하지 않으며 과일과 다양한 채소 섭취는 건강상의 이득이 더 크다. 이는 단순히 영양소 자체가 아니라 음식으로써 섭취하는 영양소의 중요성을 설명해 주는 사례다.

　　동시에 충분한 식이 섬유 섭취를 위해서는 몇 가지 공급원에 의존할 것이 아니라 다양한 식품을 섭취하고 잡곡밥을 먹는 것이 유리하다. 저탄화물 고지방 식이나 고단백 식이는 체중 감량은 물론 건강에 유리하다는 증거가 부족하다. 물론 균형 잡힌 식사를 위해서 탄수화물을 조금 줄이고 이를 지방이나 단백질로 대체하는 것은 전체 열량이 증가하지 않는 선에서 적절하다. 쉽게 말해 밥을 주식으로 여러 음식을 골고루 먹으면 된다.

PART
2

지방,
알고 보면 반드시
필요한 영양소

Qusetion

• 꼭 먹어야 하는 지방이 있다고? •

• 트랜스 지방 0%가 진짜 0%가 아니다? •

• 포화지방 먹어도 되나 먹지 말아야 하나? •

과학으로 먹는
3대 영양소

01

이번 장에서 다룰 이야기

이번 장에서 다룰 이야기는 지방에 대한 이야기다. 주로 우리가 먹는 지방의 종류와 왜 일부 지방(트랜스지방, 포화지방) 섭취를 제한해야 할 필요가 있는지를 다룰 것이다. 동시에 오메가-3 지방산을 꼭 먹어야 하는지, 그리고 필수 지방산은 어떤 것인지를 이야기할 것이다.

FDA에서 트랜스지방을 퇴출하기로 결정했다는 뉴스를 본 기억이 있는 독자도 있을 것이다. 궁금한 독자라면 트랜스지방 퇴출이라는 키워드로 뉴스 검색을 해보시면 쉽게 참조가 가능할 것이다. 하지만 사실 제목부터 잘못된 기사다. FDA는 트랜스지방을 퇴출할 방법도 이유도 없기 때문이다. 실제로 어떤 것이 퇴출되었는지는 이번 장을 보면서 알게 될 것이다.

포화지방의 유해성 역시 이번 장에서 다룰 중요한 주제다. 최근 포화지방이 유해하지 않다고 주장하는 기사나 혹은 책자를 본 적이 있는가? 대부분의 정보는 포화지방이 유해하다는 점을 설명하지만 일부는 아니라는 주장을 하고 있다. 혹시 이 문제 때문에 혼란스러웠던 독자가 있다면 이 장에서 적절한 해답을 얻을 수 있다. 물론 영양정보에서 아래 내용을 이해하는

데도 도움이 될 것이다.

오메가-3 알약이나 건강 보조제를 구매하기로 결정했던 독자 역시 이번 장을 읽고 최종 구매 여부를 결정하는데 도움을 받을 수 있다.

마지막으로 다룰 내용은 바로 비만에 대한 것이다. 사실 비만에 대해서 이런 저런 이야기를 하게 되면 그 자체로 한 권의 책이 될지도 모른다. 이 장에서는 비만에 대한 몇 가지 사실을 전달하려고 한다. 체중감량에 도움이 되는 이야기는 크게 없지만, 체중을 감량하기 위해 어리석은 짓을 하는 것을 막아줄 내용이 있다.

02
우리 몸에 필수적인 성분.
지방

　　언젠가부터 지방은 주로 안 좋은 의미로 사용되기 시작했다. 과거에는 통통한 편이 미인상이었다면 이제는 명백히 저체중에 가까운 마른 몸매가 아름다움의 기준으로 바뀌고 있다. 이게 도를 지나치다 보니 너무 마른 모델을 규제하려는 움직임까지 있다. 하지만 생각해 보자. 지방이 그렇게 안 좋다면 왜 수많은 동식물이 이걸 가지고 있겠는가? 결론적으로 말하면 지방과 지질은 꼭 필요한 신체의 구성 성분이자 영양분이다.

　예를 들어 지질과 인이 같이 있는 복합지질인 인지질phospholipid은 세포막과 막을 가진 주요 세포 구조물의 기본 구성 물질이다. 인지질과 단백질로 구성된 세포막은 생명체의 가장 기본적인 특징이기도 하다. 여기서 세포 안과 밖의 환경을 구분하고 각종 대사 반응이 일어나 생명 반응이 가능해지는 것이다. 뱃살의 주범이 되는 피하 지방 역시 반드시 필요한 기능을 한다. 동물은 주로 지방의 형태로 에너지를 보존하기 때문이다.

　동물은 먹어야 산다. 문제는 항상 먹을 걸 구할 수 없다는 것이다. 따라서 한동안 못 먹을 때를 대비해 에너지를 저장할 수단이 필요하다. 지방 1g

의 에너지 저장 밀도는 9kcal로 4kcal 정도인 탄수화물이나 단백질 대비 훨씬 우월하다. 항상 움직여야 하는 동물 입장에서 지방은 몸의 체중을 줄이고 더 효율적으로 만들 수 있는 고마운 존재다. 더 나아가 단열성도 우수한 편이라 체온을 유지하는데도 도움을 준다. 동시에 지방은 호르몬을 비롯한 중요한 물질들을 만드는 원료이기도 하다.

그런데 여기서 혼동을 피하기 위해 간단한 정의를 알아보자. 지방fat은 보통 글리세롤과 지방산이 결합한 형태의 물질로 정의한다. 지질lipid은 생물체를 구성하는 물질 가운데 물에 녹지 않고 유기 용매에 녹는 물질을 의미한다. 그 분자식에 따라서 단순지질, 복합지질, 유도지질로 나눌 수 있다. 우리가 일반적으로 말하는 지방은 단순지질이라고 할 수 있다. 따라서 정의로 보면 지질이 지방보다 훨씬 넓은 의미라는 것을 알 수 있다(물론 책에 따라 lipid를 지방질로 표기하는 경우도 있다. 이 경우 단순지방질, 복합지방질로 표기한다). 따라서 이번 장의 제목은 지질이 더 적절할지도 모른다. 하지만 필자는 좀 더 친숙한 이름인 지방을 선택했다. 아마도 이 점이 큰 문제가 되지는 않을 것이다.

사실 문제가 되는 부분은 지질의 구조가 앞서 본 탄수화물의 구조보다 이해가 어렵다는 점이다. 여기에 사실 이름 붙이는 규칙도 어렵다. 하지만 이 이야기를 하지 않으면 포화지방, 불포화지방, 트랜스지방, 그리고 오메가—3 지방산이 무엇인지 설명할 방법이 없다. 다소 난해한 내용이 될 우려가 있지만 최대한 그림과 기본적인 설명을 통해 독자의 이해를 돕고자 한다. 물론 정 이해가 되지 않는 독자가 있다면 한번 보고 넘어가도 좋다. 이 내용이 이해되지 않아도 나머지 부분을 읽는데 가능한 어려움이 없도록 내용을 구성했다.

03
지질의 기본 구조

지질은 기본적으로 탄소(C)와 수소(H), 그리고 산소(O)가 만나서 길게 연결된 탄화수소 분자이다. 물로 여기에 산소나 인을 비롯해 더 다양한 원자들이 결합할 수 있다. 탄소의 가장 중요한 특징은 최대 4개의 원자와 결합이 가능하다는 것이다. 예를 들어 탄소 하나에 수소 4개가 결합하면 메탄이 된다. 탄소가 기본이 되어 C–C–C–C... 하는 식으로 길게 늘어나면 여기에 수소가 붙어 더 큰 분자가 형성되는 것이 지질의 기본이다.

지질은 앞서 이야기했듯이 크게 단순지질, 복합지질, 유도지질로 나눌 수 있다. 단순지질simple lipid은 지질의 기본 구성 성분인 탄소, 수소, 산소C, H, O로만 구성된 지질이다. 동식물에 존재하는 대부분의 지질이 여기에 속한다. 여기에는 중성지방이나 밀랍, 일부 비타민 등이 포함된다. 단순지질에 인이나 질소 등의 원소가 더 붙으면 복합지질compound lipid이 된다. 인지질이나 당지질이 대표적인 사례이다. 유도지질은 스테롤과 카로틴, 일부 비타민 등을 의미한다. 갑자기 설명이 어려워지지만, 다행히 이 책은 생화학 교과서가 아니라 이 모두를 설명하지 않는다. 우리의 이야기에서는 중성지방과 지방산, 콜레스테롤이 주요 등장인물이다.

식물이나 동물에 존재하는 중성지방neutral fat은 극성을 띠지 않는 지방으로 글리세롤과 지방산으로 이뤄져있다. 글리세롤($C_3H_5(OH)_3$)은 매우 단순한 구조를 가진 단순지질로 세 개의 −OH기를 지녀 지방산과 결합할 수 있다. 이들이 에스테르 결합을 통해 물(H_2O)이 하나 빠지면서 결합하는 것이다. 따라서 글리세롤 한 분자에 최대 세 개의 지방산이 결합할 수 있는데, 우리가 전기 기기를 여러 개 사용하기 위해 만든 3구 멀티탭을 떠올리면 이해가 빠르다. 우리가 3구 멀티탭에 1개에서 3개까지 플러그를 연결할 수 있듯이 글리세롤 역시 1개(모노글리세라이드), 2개(다이글리세라이드), 3개(트리글리세라이드)의 지방산이 결합할 수 있는 것이다. 일반적인 형태는 세 개의 지방산이 결합한 트리글리세라이드triglyceride이며 모노글리세라이드나 다이글리세라이드는 소화과정에서 지방산이 하나씩 분리되어 나타나는 경우가 흔하다.

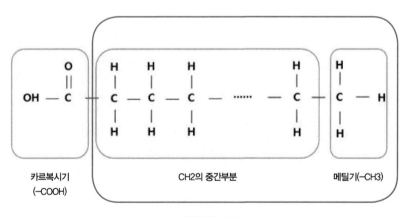

카르복시기   CH2의 중간부분   메틸기(−CH3)
(−COOH)

R에 해당하는 부분

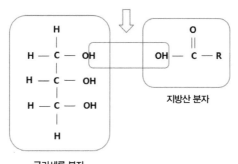

에스테르 결합

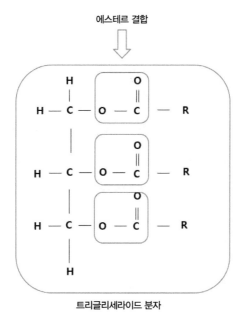

트리글리세라이드

지방산은 1개의 카르복시기-COOH에서 연결된 탄화수소로 이뤄졌는데, 보통 2개씩 탄소가 결합하기 때문에 탄소의 수는 4개에서 22개 사이의 짝수가 일반적이다. 카르복실기의 반대쪽에 있는 마지막 탄소는 옆에 탄소 대신 수소가 있기 때문에 메틸기-CH3의 구조가 된다. 이를 화학 구조식으로 보면 CH3(메틸기)+CH2(중간)+COOH(카르복실기)의 구조인 셈이다. 따라서 CH3(CH2)nCOOH의 분자식을 가질 것이다. R-COOH의 약자로 표기하기도 한다.

여기서부터 좀 복잡한 이야기를 해야 할 것 같다. 이 책을 구성하면서 너무 전문적인 이야기는 담지 않으려고 노력했지만, 그래도 이 장에서 주연급인 포화지방과 불포화지방, 오메가 3/6/9 지방산, 그리고 시스cis와 트랜스trans 지방 이야기는 할 필요가 있기 때문이다. 최근 수많은 매체를 통해서 포화지방이나 불포화지방, 오메가 3 지방산, 트랜스 지방 이야기가 쏟아져 나오지만 정작 그것이 무엇인지 물어보면 정확히 알고 있는 이가 드물다. 과연 이들의 정체는 무엇일까?

04

포화지방, 불포화지방, 오메가 3 그리고 트랜스 지방. 그 정체는?

우선 포화지방과 불포화지방에 대해서 알아보자. 탄소 원자가 4곳에서 다른 원자와 결합할 수 있다는 것은 앞서 설명했다. 그런데 카르복시기와 메틸기 사이에 있는 탄소는 이미 2개의 탄소와 양 옆으로 결합해 있으므로 2개의 원자가 더 결합할 수 있다. 보통은 수소 원자 두 개가 결합하는 데, 이 상태를 포화saturated 되었다고 표현한다. 가장 기본적인 형태의 지방산이 바로 포화지방saturated fat인 셈이다.

그런데 사실 중간에 있는 탄소가 2개의 수소와 결합하는 대신 자기들끼리 이중으로 결합할 수 있다. 이는 C=C 혹은 C:C로 표기한다. 이중 결합이 생기면 이제 탄소 원자는 수소 1개와만 결합할 수 있다. 이 상태를 불포화unsaturated 되었다고 표현하며 이런 지방산을 불포화지방산unsaturated fatty acid이라고 부른다. 불포화지방은 C=C(탄소 이중결합)의 수에 따라 이중 결합이 한 개인 단일불포화지방산monounsaturated fatty acid과 두 개 이상인 다불포화지방산polyunsaturated fatty acid으로 구분한다. 그런데 이렇게 설명을 해도 쉽게 이해되지 않으니 그림과 함께 예시를 들어보자. 기준으로 설명할 지방산은 우리 몸에서 중요한 역할을 하는 탄소수 18(C_{18}) 지방산이다.

카르복실기

메틸기

스테아르산. C18:0

일단 탄소 수 18개인 기본적인 포화지방산을 생각해 보자. 이 경우 분자식이 $CH_3(CH_2)_{16}COOH$가 된다는 것은 앞에서 한 설명을 이해했다면 쉽게 이해가 가능하다. 메칠기-CH3와 카르복시기-COOH 사이에 탄소 16개와 세트 메뉴로 수소가 16×2로 붙었다. 그러니 $CH_3(CH_2)_{16}COOH$가 되는 것이다. 이 상태의 포화 지방산을 스테아르산Stearic acid이라고 부른다. 스테아르산은 소나 양 같은 동물의 지방에 많다. 과학자들은 학생들을 괴롭히기 위해서가 아니라 이를 좀 더 간단하게 표기하기 위해 C18:0 같은 표기법을 생각해냈다. 눈치 빠른 독자나 혹은 이전에 해당 부분을 공부한 독자라면 이것이 탄소 18개에 이중 결합은 0개라는 뜻이라는 걸 쉽게 이해했을 것이다.

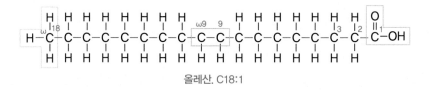

올레산. C18:1

여기서 이제 이중결합을 하나 만들어 보자. 그런데 이 대목에서 문제가 생긴다. 이중결합의 위치에 따라서 지방산이 성질이 달라진다는 것이다. 더구나 하나의 이중결합도 나중에 설명할 시스와 트랜스라는 두 가지 방식이 있다. 이러면 또 성질이 달라진다. 이제 좀 더 복잡해졌다. 하지만 하나씩 이해하면 결코 이해가 불가능하지 않을 것이다.

우선 탄소 수 18개 가운데서 가장 대표적인 단일불포화지방산인 올레산 Oleic acid를 살펴보자. 올레산은 올리브유와 카놀라유 같은 식물성 기름은 물론 동물성 기름까지 널리 분포하는 지방산이다. 이름처럼 올리브유에 특히 풍부하다. 이 지방산은 마지막에 존재하는 메틸기에서 9번째 탄소에 이중결합이 있다. 이는 분자식으로 보면 $CH_3(CH_2)_7CH=CH(CH_2)_7COOH$이다 (물론 $CH_3(CH_2)_7 CH:CH(CH_2)_7COOH$ 역시 가능한 표기다). 그런데 이렇게 쓰면 상당히 복잡해진다.

그래서 과학자들은 이번에도 간단한 표기법을 개발했다. 메틸기에 있는 탄소를 마지막 탄소로 보고 오메가(ω) 탄소에서 9번째 탄소라는 의미로 오메가-9(ω-9) 불포화지방산이라고 명명한 것이다(이를 n을 사용해서 n-9으로 표기할 수 있다. n-3/6/9는 ω-3/6/9과 같은 의미다). 이를 기호로 표기하면 18:1, ω9(18:1 (n-9))이 가 된다. 1은 이중결합의 수 그리고 ω9은 위치를 말한다. 그런데 만약 이중결합이 두 개나 세 개가 되면 그때는 어떻게 표기할 것인가? 이때는 메틸기에서 가장 가까운 이중결합을 기준으로 이름을 붙인다. 예를 들어 3번째 탄소에 첫 번째 이중결합이 있다면 오메가-3 불포화지방산이 되는 것이다. 그렇다. 그렇게 건강에 좋다고 선전하는 오메가-3의 정체는 바로 이것이다.

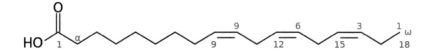

알파 리놀렌산

18:3(n-3)는 알파 리놀렌산(α-Linolenic acid)이다. 들기름, 카놀라유, 아마씨유, 대두유 등에 풍부한 필수 지방산이다. 그런데 나머지 이중결합이 어디에 있는지도 표시해주면 좋지 않을까? 그래서 개발한 표기법이 있다. 18:3 뒤에 델타(Δ) 표시를 하고 위에 9,12,15 하는 식으로 표기를 해주는 것이다. 다만 이때는 오메가 탄소부터 세는 것이 아니라 반대 순서로 세기 때문에 오메가 3 탄소는 15가 되었다. 18:3 Δ9,12,15는 꽤 복잡한 표현인데 아직 다 끝난 게 아니다. 마지막으로 시스와 트랜스가 남았다.

알파 리놀렌산의 간략한 구조도. 이중 결합은 = 으로 표기한다. 오메가 탄소에서 3번째 위치에 첫 번째 이중 결합이 있으므로 오메가 3 혹은 n-3 지방산이며 이중 결합의 위치는 반대 방향(알파탄소)에서 세면 9,12,15이 된다. 위의 그림과 배열이 반대다.

사실 알파 리놀렌산은 이중결합이 모두 시스인 지방산이다. 따라서 all cis-9,12,15-octa-decatrienoic acid (IUPAC 명칭은 (9Z,12Z,15Z)-9,12,15-Octadecatrienoic acid)가 사실 정확한 화학명이다. 올레산 역시 cis-9-Octadecenoic acid가 정확한 명칭이 되겠다. 설명을 위해 이중 결합이 하나인 올레산과 그 트랜스형 형제인 엘라이드산Elaidic acid을 비교해 보겠다. 올레산은 이중 결합 탄소에 붙은 수소가 같은 방향이므로 시스형 지방산이 되

올레산

엘라이드산

고 엘라이드산은 반대 방향이므로 일직선 모양의 트랜스형 지방산이 된다.

설명이 복잡하긴 했지만 이 정도면 포화/불포화, 오메가 3/6/9, 시스 및 트랜스 지방산에 대한 대략적인 설명이 끝났다. 간단하게 말해 이중결합이 있으면 불포화 지방산, 첫 번째 이중결합이 마지막 탄소인 오메가 탄소에서 3번째에 있으면 오메가 3 지방산, 이중결합에 수소가 반대 방향에 있으면 트랜스 지방산인 것이다. 지금까지 소개한 다양한 지방산들은 글리세롤에 결합해 중성지방의 형태로 섭취되거나 지방세포에 저장된다. 이들이 에너지로 대사되는 과정은 동일하지만 우리 신체에 미치는 영향은 매우 다양하다.

여기서 잠깐 DHA도 사실 지방산이다?

DHA가 유명해진 것은 물론 TV 광고를 통해서였다. 당시에는 두뇌가 좋아진다는 광고로 학부모 층을 공략했다. 앞서 설명한 대표적 오메가-3 지방산인 알파 리놀렌산의 구조는 이미 설명했다. 여기서 탄소수를 20으로 늘리고 이중 결합의 위치를 5,8,11,14,17로 하면 아이코사펜타에노산 eicosapentaenoic acid, EPA, 20:5(n-3)이 된다. 이는 연어, 고등어, 정어리 같은 등푸른 생선에 흔한 지방산으로 DHA와 함께 광고로 출연하기도 했다.

다시 탄소수를 22개 늘리면 이제 DHA, 도코사헥사에노산 docosahexaenoic acid, 22:6(n-3)이 된다. 다만 이중 결합 위치는 서로 달라서 4,7,10,13,16,19이다. 역시 생선에 풍부하며 광고에서는 뇌에 풍부한 지방산으로 나온다. 이것은 사실이다.

DHA는 뇌와 신경조직, 그리고 망막 등에서 세포막을 구성하는 주요 성분이다. 따라서 DHA가 부족하면 뇌신경 세포의 성장이 억제된다. 다행히 알파 리놀렌산과 EPA에서 합성되거나 식품으로 섭취하면 심각하게 부족한 경우는 많지 않다. 우리는 평소에 생선을 잘 먹지 않는 어린이들이라도 심각한 시각이나 지능 발달 장애를 겪지 않는다는 걸 경험적으로 알고 있다. 사실 필자도 어릴 때 생선을 기피했다. 어릴 때 생선을 싫어하는 사람은 제법 되는 것 같다. 하지만 이런 사람들이 정상적으로 학업을 끝내고 졸업해서 사회생활을 할 수 있는 것은 왜 일까?

우리 몸에서 DHA의 요구량이 크게 증가하는 것은 태아기와 영아기다. 이 시기에는 인체 내에서 긴사슬 다불포화지방산의 합성 기능이 약하다. 큰 뇌를 지닌 인간에서 매우 불합리한 일 같지만 모유가 이 부족을 해결해 준다. 모유에 풍부하게 들어있는 필수 지방산들이 영아 두뇌의 발달에 귀중한 재료가 되는 것이다.

영아기를 지난 후에는 지방산 합성 능력이 발달되고 여러 가지 음식을 섭취하면서 필수 지방산을 공급받으므로 편식만 하지 않는다면 심각한 부족을 겪을 우려는 없다. 이 말을 반대로 해석하면 DHA가 함유된 식품을 먹는다고 해서 머리가 갑자기 좋아질 가능성 역시 높지 않다. 이 점은 경험적 증거를 통해서도 쉽게 알 수 있다.

그런데 이와는 별개로 여러 가지 과학적 증거들은 생선을 통한 다불포화산 섭취가 건강에 이롭다는 점을 밝혀냈다. 앞으로 설명하게 될 중요한 내용이다.

05

콜레스테롤과 지단백질

지방 이야기에서 콜레스테롤 역시 빼놓을 수 없다. 콜레스테롤 역시 최근에는 악의 화신처럼 묘사되고 있기는 하지만, 사실 생명체에 꼭 필요한 물질이다. 그렇지 않다면 우리 몸에서 합성하거나 음식을 통해 섭취할 이유가 없다. 콜레스테롤은 세포막의 구성성분으로 유동성을 유지하는 데 중요한 물질이다. 그래서 콜레스테롤은 인간의 거의 모든 세포에서 발견되며(특히 신경세포에 많다) 매일 필요한 만큼 합성된다. 대략 68kg 체중의 성인이 몸에서 하루 1g 정도의 콜레스테롤을 합성하며 몸 전체에는 35g 정도 존재한다.

콜레스테롤은 탄소 원자들이 네 개의 고리 형태로 결합되어 있는 구조에 곁가지가 있는 스테롤로 $C_{27}H_{46}O$의 분자식을 가지고 있다. 앞서 말한 것처럼 세포막을 구성하고 유동성을 유지하는데 도움을 줄 뿐 아니라 성호르몬(에스트로겐, 프로게스테론, 테스토스테론) 및 부신피질 호르몬, 그리고 비타민 D의 전구 물질인 7-디하이드로콜레스테롤 합성의 주요 원료다. 마지막으로 지방 흡수에 중요한 역할을 하는 담즙산을 합성하는 데 필요하다.

콜레스테롤이 이런 중요한 기능을 하는 것은 인간 뿐 아니라 다른 동물들도 마찬가지다. 그래서 우리가 고기를 먹으면 콜레스테롤을 섭취하게 된다. 여기서는 지질 소화 과정에

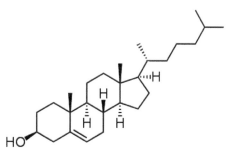

콜레스테롤의 구조

대한 상세한 이야기는 생략하지만 지방이 일단 소화관에서 흡수된 후 혈관과 장기 사이를 이동하는 이야기는 잠시 해야 할 것 같다. 왜냐하면 앞으로 이야기할 HDL 및 LDL 콜레스테롤에 대한 이야기와 연관이 있기 때문이다.

기름은 물에 섞이지 않는다. 이점은 우리가 먹는 지질 성분 역시 마찬가지다. 그래서 소장에서 흡수된 지질 성분이 우리 몸속을 돌아다니려면 특수한 구조물을 형성해야 한다. 지질과 단백질이 서로 혼합된 이 구조물을 지단백질lipoprotein이라고 부른다. 지단백질은 구성 성분에 따라서 카일로마이크론CM, Chylomicron, 초저밀도 지단백질VLDL, Very Low Density Lipoprotein, 저밀도 지단백질LDL, Low Density Lipoprotein, 고밀도 지단백질HDL, High Density Lipoprotein으로 나눌 수 있다. 이 가운데 LDL과 HDL은 워낙 유명인사(?)가 된 탓에 이 명칭으로 불러주는 것이 좋을 것 같다.

일단 우리가 지질이 든 음식물을 섭취하면 종류에 따라 흡수 방식은 좀 다르지만, 카일로마이크론 형태로 혈액내로 들어온다. 지름이 100~1,000nm(나노미터)인 카일로마이크론은 가장 큰 지단백질로 음식 속에 존재하는 지질을 체내로 운반하는 역할을 한다. 물론 우리가 먹는 지방

의 대부분은 앞서 설명했듯이 중성지방이므로 이 안에는 중성지방에 풍부하다(엄밀히 말하면 흡수되는 과정에서 글리세롤과 지방산 등으로 분해된 후 다시 소장에서 중성지방이 된다). 소량이지만 이 안에는 콜레스테롤은 물론 인지질, 지

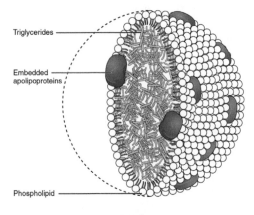

Triglycerides

Embedded apolipoproteins

Phospholipid

지단백질의 기본 구조

용성 비타민 등 다른 지질 성분도 존재한다.

카일로마이크론이 혈액을 따라 궁극적으로 도달하는 장소는 중성지방을 필요로 하는 근육과 지방조직이다. 일부는 바로 산화되어 에너지원으로 이용되나 남는 지방은 지방세포로 들어가 차곡차곡 쌓아두게 된다. 이후 작아진 카일로마이크론은 지질 대사와 조절에서 중요한 역할을 하는 간으로 들어간다. 간에서는 이를 필요한 부분에 사용한다.

그런데 지질 운반과 대사는 사실 식사 후에만 일어나지 않는다. 우리는 계속해서 지질 성분이 필요하기 때문이다. 또 남는 에너지원을 중성지방으로 바꿔 저장하거나 필요한 장소로 운반해야 한다. 그래서 간에서는 여분의 포도당을 중성지방으로 바꾸고 콜레스테롤을 합성한 후 이를 VLDL이라는 좀더 작은 지단백질에 담아 혈액에 흘려보낸다. 이 역시 카일로마이크론과 동일하게 일부는 근육 등 필요한 조직에 지질을 전달한 후 크기가 줄어든다. 본래 VLDL은 30~90nm 정도인데 이보다 더 작아져 20~25nm 크기가 되면 크기는 작아져도 밀도가 높아져 LDL이라고 부르게 되는 것이다.

LDL은 악당처럼 묘사되는 경우가 많은데 이 지단백질이 콜레스테롤을 운반하는 주된 경로가 되기 때문이다. 콜레스테롤은 앞서 말했듯이 중요한 지질 성분이고 우리 몸에 반드시 필요한데, LDL이 무슨 죄가 있다는 말인가? 사실 죄는 없는데 많아지면 질병을 일으킬 수 있어 문제다. LDL이 너무 많으면 이게 여러 과정을 거쳐 혈관에 동맥경화를 일으키기 때문이다.

물론 우리 인체에도 이를 방지하는 기능이 있다. HDL이 바로 여분의 콜레스테롤이 쌓이는 것을 방지하는 역할을 한다. HDL은 밀도는 가장 높은데 크기는 가장 작은 지단백이다. 그 크기는 7.5~20nm에 불과하다. 처음 간에서 만들어질 때는 납작한 동전 모양이지만, 쓰레기 봉투처럼 여분의 콜레스테롤을 흡수하면서 점점 커져 둥근 모양이 된 후 간으로 들어간다. 그러면 간에서는 필요한 만큼 쓴 다음 나머지는 담즙산의 형태로 버린다. 따라서 혈액 속에 LDL 수치가 기준치 이상으로 높다는 것은 혈관이 좁아지는 동맥경화가 생길 가능성이 높다는 이야기다. 반대로 HDL이 높으면 여분의 콜레스테롤 처리 능력이 탁월해서 동맥 경화 위험도가 줄어든다는 의미다. 사실 둘 다 간에서 만들어지는 중요한 지단백질이며 각기 하는 일이 있다. 다만 혈액 속에 수치가 높다는 것이 서로 다른 의미를 지닐 뿐이다. LDL 콜레스테롤이 높거나 HDL 콜레스테롤이 낮다는 것은 위험한 신호다.

이 정도면 이번 장에서 나올 주인공에 대한 설명이 끝났다. 혹시 이해가 되지 않는 부분이 있어도 본론 내용이 더 중요한 만큼 그냥 넘어가자. 이제 우리가 먹는 지방에 대한 이야기를 할 차례다. 참고로 콜레스테롤에 대한 더 상세한 이야기는 분량상 제외했지만 LDL 콜레스테롤이 왜 나쁜지에 대한 설명은 어느 정도 되었을 것으로 본다.

06

꼭 먹어야 하는 지방.
필수 지방산

　　사실 지질 대사는 그 자체로 한 권의 책이 될 수 있을 만큼 복
잡하다. 앞서 말했듯이 다양한 지질이 생명 현상을 유지하는 데 필수적이
다 보니 우리 몸에서 다양한 대사 과정이 존재하는 것이다. 예를 들어 뇌세
포를 구성하는 중요한 지방산인 DHA나 혈소판 응집을 억제하는 중요한
지방산인 EPA의 경우 앞서 언급했듯이 직접 섭취를 못해도 다른 지방산에
서 합성이 가능하다. 만약 그렇지 않다면 우리는 항상 이 물질을 섭취해야
하는 불편한 상황에 놓일 것이다.

　DHA처럼 대중에게 친숙하진 않지만, 사실 EPA는 DHA와 마찬가지로
매우 중요한 물질이다. 문제는 이 지방산들이 생선 등 일부 음식에서만 풍
부하게 존재한다는 것이다. 하지만 다행히 우리는 필수 지방산인 알파 리
놀렌산에서 이 두 지방산을 합성할 수 있다. 그런데 알파 리놀렌산 자체는
더 단순한 지방산에서 스스로 합성하지 못한다. 이 말은 알파 리놀렌산을
음식의 형태로 반드시 섭취할 필요가 있다는 이야기다. 이렇게 스스로 합
성하지 못하거나 혹은 합성을 해도 양이 부족한 경우 섭취할 필요가 있는

지방산이라는 의미에서 필수 지방산^{essential fatty acid}라고 부른다.

그런데 필수 지방산의 중요성에도 불구하고 오늘날 우리 주변에서 필수 지방산 부족으로 고통 받는 환자를 보는 것은 비타민C 부족으로 괴혈병에 걸린 환자를 보는 것보다 더 어려운 일이다. 그 이유는 간단하다. 일반적인 식사에서 대개 충분히 공급이 가능하기 때문이다. 이는 이 물질이 필수 지방산이 된 이유를 생각하면 당연한 일일 수도 있다.

영장류의 조상이 포도당에서 비타민C를 합성하는 효소인 글로노락톤 산화효소를 잃어버린 것은 비타민C를 섭취하기 쉬운 환경이 영향을 미쳤을 것이다. 필요한 모든 물질을 다 흡수하면 생존에 더 유리할 것 같지만, 사실 반드시 필요 없는 것까지 만드는 것은 낭비다. 자연의 치열한 생존경쟁은 이런 낭비를 허락하지 않는다.

적자생존에 법칙은 인간을 포함한 영장류의 조상에서 글로노락톤 산화효소를 더 이상 만들지 않는 쪽의 손을 들어줬다. 그 결과 포유류 가운데서 영장류와 기니피그 등은 비타민C를 필수 비타민으로 섭취해야만 한다. 다만 이는 식물에 매우 흔한 물질이므로 인간 같은 잡식성 동물에게는 그다지 어렵지 않은 일이다.

이와 마찬가지 이유로 필수 지방산 역시 우리가 식사를 통해 쉽게 섭취할 수 있으므로 체내에서 직접 합성하지 않는다. 사실 일부 비타민과는 달리 필수 지방산은 결핍 증상이 쉽게 나타나지 않아 오랜 동안 그 존재가 알려지지 않았었다. 사실 그 존재가 알려진 것은 1923년이다. 그것도 사람이 아닌 동물 실험을 통해서다. 참고로 사람뿐 아니라 다른 포유류 역시 일부 지방산을 합성하지 못해 우리처럼 필수 지방산으로 섭취해야 한다.

필수 지방산은 초기에는 비타민 F로 불렸다. 하지만 동물 실험에서 기존의 비타민보다 훨씬 많은 양을 섭취해야만 결핍증을 예방할 수 있다는 사실이 알려지면서 필수 지방산이라는 새로운 분류가 탄생했다. 사실 필수 지방산은 이름처럼 필수적인 지방산이지만 비타민과는 달리 필수 지방산의 존재를 아는 사람은 드물다. 오히려 필수 지방산에서 합성될 수 있는 DHA만 광고 덕에 유명해졌다.

대표적인 필수 지방산은 ALA라는 약자로도 불리는 알파 리놀렌산^α -Linolenic acid과 LA라는 약자로도 불리는 리놀레산Linoleic acid이다. 전자는 오메가—3 지방산이고 후자는 오메가—6 지방산이다. 역시 광고에 많이 나오는 오메가—3 지방산만 필요한 존재는 아닌 셈이다.

이 두 지방산에 한 개 더 추가해서 AA라는 약자로 불리는 아라키돈산 Arachidonic acid, 20:4, n-6 역시 리놀레산에서 합성이 가능하나 그 양이 부족해 필수 지방산으로 간주한다. 반면 알파 리놀렌산을 제외한 오메가—3 지방산(DHA 나 EPA 등)은 충분히 합성이 가능해 필수 지방산으로 간주하지 않는다.

필수 지방산은 면역 기능과 생식기의 발달 및 기능 유지, 세포막의 기능 유지, 두뇌 발달 및 기능 유지, 혈중 콜레스테롤 조절 그리고 여러 가지 다른 지방산 합성을 위해 반드시 필요하므로 결핍되지 않도록 적정량 섭취가 필요하다. 다행한 부분은 필수 지방산 필요량이 많지 않고 체내에 많이 저장되어 있기 때문에 필수 지방산 부족으로 고통 받는 경우는 정말 찾아보기 어렵다는 것이다. 다만 오메가 3 지방산과 불포화지방산처럼 건강에 유익한 지방산 섭취도 필요하고 지방 섭취가 너무 적으면 그만큼 탄수화물 섭취가 증가하는 문제도 있기 때문에 적정량의 지방 섭취는 필요하다. 앞서 언급했듯이 한국인에서 권장 섭취량은 15~30%이다.

07

오메가-3 지방산, 왜 필요하나?

지방산에 대한 많은 오해 가운데 하나는 오메가-3 같이 광고를 많이 하는 지방산이 무조건 건강에 좋다는 것이다. 정작 인체에 반드시 필요한 필수 지방산에 대한 이야기는 해당 분야를 전공하지 않았다면 처음 들어보는 독자도 적지 않을 것이다. 사실 비타민C 결핍도 현재는 보기 힘든 경우임에도 이를 첨가한 식품 광고가 엄청나게 되는 점을 고려하면 이해하기 어려운 미스터리 가운데 하나이다.

아무튼 오메가-3 지방산은 식물과 생선에 풍부하게 존재한다. 그런데 사실 이 지방산은 식물 플랑크톤에도 풍부한 물질이다. 따라서 이를 먹이로 삼는 어류 역시 먹이사슬을 따라서 오메가-3 지방산이 풍부해지는데, 이들의 체내에서는 이미 알파 리놀렌산이 EPA나 DHA로 변형되어 있어 우리가 생선을 먹을 때는 이런 형태의 오메가-3 지방산을 많이 섭취하게 되는 것이다.

EPA 같은 오메가-3 지방산은 체내에서 아라키돈산과 비교해서 프로스타노이드라는(프라스타글란딘, 프로스타사이클린, 트롬복산) 물질 합성에서 반대되는 작용을 나타낸다. 이는 혈소판 응집과 혈액 응고에 관련되는데 복잡한 설명을 생략하고 간단하게 말하면 EPA를 많이 섭취하면 혈액이 잘 굳지 않는 쪽으로 작용한다. 그 결과 심근 경색처럼 혈관이 막혀서 생기는 치명적인 질환의 가능성이 줄어든다. 실제로 생선을 주식으로 삼는 에스키모인의 경우 심혈관 질환의 발생 위험도가 낮다고 알려져 있다.

일본에서 진행된 대규모 코호트 연구인 JACC^{Japan Collaborative Cohort Study for Evaluation of Cancer Risk}에서는 평균 12.7년에 걸쳐 57,972명의 식이 습관과 사망률의 관계를 조사했다. 생선 섭취량과 오메가-3 지방산의 섭취량에 따라 총 5개 그룹으로 나눈 결과 생선과 오메가-3 지방산을 가장 많이 먹는 그룹에서 심혈관 질환의 사망위험도가 각각 18%와 19% 가량 감소하는 것이 확인되었다.(1) 이외에도 여러 연구에서 생선 섭취, 그리고 적절한 오메가-3 지방산 섭취가 심혈관 질환과 이로 인한 사망을 감소시키는 것으로 드러났다.

이와 같은 사실이 알려지면서 오메가-3 지방산 자체나 혹은 이를 넣은 건강식품이 인기를 끌었다. 본래 미 심장학회^{AHA}를 비롯한 전문가 권고안은 오메가-3가 풍부한 생선을 주 2~3회 정도 적당량 섭취하는 것이었다. 이에 따르면 주 2회, 1회당 3.5온스(약 99g)의 기름기가 많은 생선을 먹는 것이 좋다. 2015-2020 미국인을 위한 식생활 가이드라인은 더 많은 양인 주당 8온스(약 227g)을 권장했다.

08

오메가-3 건강 보조제.
건강에 좋을까?

그런데 사실 일반적인 미국인은 그렇게 생선을 자주 먹지 않는다. 물론 해산물이나 생선을 아주 좋아하는 미국인도 많지만 생선을 일주일에 두 번이 아니라 한 달에 두 번도 먹지 않는 경우도 드물지 않다. 바로 이런 이들을 위해서 새로운 상품이 나왔으니 바로 오메가-3 영양 보조제다. 우리가 흔히 광고에서 접할 수 있는 연질 캅셀 형태로 된 오메가-3(혹은 생선 기름)이 그것이다. 이 제품은 건강 보조식품의 천국인 미국에서 종합 비타민제와 마찬가지로 널리 판매되었다. 이 점은 한국도 마찬가지다.

하지만 건강한 사람이 오메가-3 지방산 보조제omega-3 fatty acid supplement를 정기적으로 섭취해서 심혈관 질병을 예방할 수 있다는 과학적 근거는 없다. 오메가-3 지방산 보조제를 건강한 사람이 복용하는 것은 전체 사망률은 물론 심혈관 질환으로 인한 사망률을 낮추지 못했다.(2) 2012년 미국 의학 협회 저널JAMA에 실린 메타 분석 및 체계적 문헌 고찰에서는 20개 연구에 포함된 68,680명의 대상자에서 확인된 3,993명의 심혈관 질환 사망자를 포함한 7,044명의 사망 케이스를 분석했다. 이 연구 결과는 오메가-3 지방산 보조제를 정기적으로 섭취하는 경우 사망률 감소에 아무 연관이 없다는 사실이 밝혀졌다. 물론 이 연구를 포함한 상당수 연구가 같은 결론을 내렸기 때문에 생선과 달리 오메가-3 지방산 보조제 복용은 일반적으로 권장되지 않는다.

흥미로운 점은 이전에 나왔던 연구 가운데 오메가-3 보조제가 어쩌면 과거 심혈관 질환을 겪었던 환자에서 심혈관 질환이 재발과 사망을 낮출 수 있다는 보고가 있다는 점이다.(3) 이 연구에서는 하루 1g 이상 1년 이상 복용한 환자에서 효과가 있을 수 있다고 보고했다. 이렇게 이미 질환을 겪은 환자의 재발을 막는 것을 2차 예방secondary prevention이라고 부르며 전혀 질환이 없었던 건강한 성인에서 질병의 발생을 막는 것은 1차 예방primary prevention이라고 부른다. 따라서 이전에 심근 경색 같은 심혈관 질환이 있었던 환자에서 오메가-3 지방산은 1차 예방 효과는 없지만 2차 예방 효과는 있을지도 모른다. 하지만 아직 좀 더 연구가 필요해 보인다.

오메가-3가 암 예방에도 효과가 있을까? 결론부터 말하면 보조제를 포함 오메가-3 자체가 연관성이 있다는 연구 보고가 별로 없다.(4) 물론 반대로 말하면 암의 발생 가능성을 높이는 것도 아니니 안전하다고 할 수 있다. 수많은 오메가-3 지방산 보조제가 의사의 처방 없이 팔리는 것은 적어도 위험하지는 않기 때문이다. 흥미로운 것은 오메가-3가 어쩌면 ADHD, 자폐증은 물론 조울증bipolar disorder 같은 정신 질환에 효과가 있을지도 모른다는 보고가 있다는 것이다.(5) 하지만 아직 결론을 내리기에는 증거가 부족하다.

현재까지 특별한 질병이 없는 일반 성인에서 생선 섭취나 혹은 알파 리놀렌산이 풍부한 식물성 기름을 충분히 섭취하는 것만이 권장되며 오메가-3 영양제는 권장되지 않는다. 사실 왜 그런지는 잘 모른다. 한 가지 가능한 설명은 식품에 첨가된 오메가-3 지방산 이외의 효과다. 생선이나 식물성 기름을 많이 먹는다는 이야기는 그만큼 동물성 지방이나 단백질을 덜 섭취한다는 이야기다. 동시에 이런 식품에 포함된 다른 유익한 성분도 같이 섭취하게 된다. 동물성 포화지방이나 트랜스 지방은 그대로 먹으면서 오메가-3 지방산을 먹는 식습관은 별로 효과가 없는 것 같다.

우리가 음식을 먹을 때 탄수화물, 지방, 단백질을 단독으로 먹는 경우는 없을 것이다. 밥을 먹든 생선을 먹든 다양한 영양소를 한 번에 섭취하게 된다. 그렇다면 그 공급원 역시 중요한 영향을 미칠 것이다. 당류에서도 과일에서 섭취하는 과당과 가당 음료에서 섭취하는 과당은 건강에 같은 효과를 미치지 않았다. 과일은 여러 영양소를 한 번에 섭취하는 수단이고 가당 음료는 단순 당류만 섭취하는 수단이기 때문이다. 오메가-3 지방산 역시 단순히 한 가지 성분을 섭취하는 것보다 생선 같이 음식으로 여러 영양소와 같이 섭취할 때 더 큰 이득이 있다.

09
오메가-3
vs 오메가-6 지방산

      오메가-3 지방산과 오메가-6 지방산은 모두 인체에 필요하다. 흥미로운 사실은 이 둘이 같은 효소를 이용해서 변환된다는 것이다. 따라서 오메가-3 지방산을 많이 섭취하면 오메가-6 계열 지방산의 생성이 억제되고 반대로 오메가-6를 많이 섭취하면 오메가-3 계열 지방산 생성이 억제된다. 다음 페이지 그림에서 표시된 내용이 그것으로 복잡한 내용은 이해할 필요 없이 서로 경쟁 관계라는 점만 이해하면 된다.

  이런 이유로 인해 오메가-3와 오메가-6 지방산은 적절한 비율로 섭취하는 것이 유리하다. 2015년 한국인 영양소 섭취 기준에서는 오메가-3 : 오메가-6의 비율이 1:4 에서 1:10 이었다. 예를 들어 오메가-3 지방산 1g을 섭취하면 오메가-6 지방산 4~10g 섭취인 것이다. 전체 에너지 섭취에서 오메가-3 지방산은 양의 하루 섭취 열량의 1% 내외로 정했으며 오메가-6는 4~10%로 정했다.

  한국인의 평균 오메가-3 지방산 섭취는 하루 0.9~2.0g 혹은 에너지 총량에서 0.5~0.7% 수준이다(2013년 국민건강 영양조사). 이는 권장량보다는 다

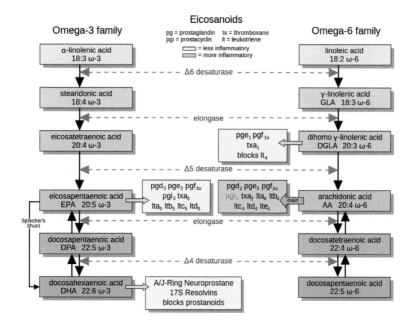

Eicosanoids

Omega-3 family

pg = prostaglandin　tx = thromboxane
pgi = prostacyclin　lt = leukotriene
☐ = less inflammatory
▨ = more inflammatory

Omega-6 family

α-linolenic acid 18:3 ω-3	linoleic acid 18:2 ω-6

- - - - Δ6 desaturase - - - -

stearidonic acid 18:4 ω-3	γ-linolenic acid GLA 18:3 ω-6

- - - - elongase - - - -

eicosatetraenoic acid 20:4 ω-3　　pge₁ pgf₁ₐ txa₁ blocks lt₄　　dihomo γ-linolenic acid DGLA 20:3 ω-6

- - - - Δ5 desaturase - - - -

eicosapentaenoic acid EPA 20:5 ω-3　pgd₃ pge₃ pgf₃ₐ pgi₃ txa₃ lta₅ ltb₅ ltc₅ ltd₅　pgd₂ pge₂ pgf₂ₐ pgi₂ txa₂ lta₄ ltb₄ ltc₄ ltd₄ lte₄　arachidonic acid AA 20:4 ω-6

Sprecher's Shunt

- - - - elongase - - - -

docosapentaenoic acid DPA 22:5 ω-3	docosatetraenoic acid 22:4 ω-6

- - - - Δ4 desaturase - - - -

docosahexaenoic acid DHA 22:6 ω-3　　A/J-Ring Neuroprostane 17S Resolvins blocks prostanoids　　docosapentaenoic acid 22:5 ω-6

소 낮지만 평균적인 한국인의 지방 섭취량이 미국인보다 낮다는 점도 같이 감안해야 한다. 일단 평균적인 한국인은 아직도 미국인에 비해 포화지방 및 트랜스 지방 섭취량이 낮다.

생선 섭취를 늘리는 것은 심혈관 질환의 위험인자가 우리보다 심각한 미국에서는 우선적인 과제이지만 한국에서도 그런 지는 다소 확실치 않다. 하지만 해외에서 진행된 연구 결과를 볼 때 생선이나 식물성 기름을 통한 오메가-3 섭취를 지금보다 늘리는 것이 유리해 보인다. 물론 앞서 말했듯이 알약이 아니라 식품을 통해서 말이다. 생선은 그 자체로 매우 좋은 단백질과 지방질의 공급원이며 식물성 기름 역시 과용하지만 않으면 좋은 식품이다.

한 가지 재미있는 사실은 한국은 오메가-3/6 지방산의 비율을 정했지만,

이런 비율을 굳이 권고하지 않는 국가도 많다는 것이다. 사실 누가 음식을 먹을 때 오메가-3/6 지방산 비율까지 따져가면서 먹을 수 있을까? 이보다는 미국처럼 그냥 생선이나 견과류 섭취를 권장하는 것이 더 효과적인 방법일 것이다. 어쩌면 우리나라 역시 마찬가지가 아닐까 생각한다.

참고로 생선 이외에 오메가-3 지방산이 풍부한 식물성 기름은 앞서 설명했던 들기름 등이 있다. 생선이 싫다면 이런 기름을 종종 먹어주는 것도 도움이 될 수 있다. 참고로 포도씨유, 옥수수기름은 73~94%가 불포화지방산인데 상대적으로 오메가-3 함량은 낮다. 올리브기름, 미강유, 채종유는 단일불포화 지방산이 많고 역시 오메가-3는 적은 편이다. 한편 코코넛유와 팜유처럼 식물성이지만 포화지방산이 많은 것도 있으니 주의하자. 현재까지 식물성 포화지방이 더 안전하다는 증거는 확실치 않다.

하나 더 사족으로 참치 캔 등에 들어 있는 기름은 생선 기름이 아니라 카놀라유나 대두유 같은 식물성 기름이다. 식품 성분 표기 및 원재료 표시에서 확인이 가능하다. 물론 이 기름이 나쁜 건 아니다. 다만 너무 많이 먹으면 열량 섭취가 그만큼 증가하니 주의하기 바란다.

10

포화지방산. 정말 위험할까?

       포화지방산과 불포화지방산의 차이에 대해서는 앞서 간단히 설명했다. 사실 화학적으로 이 둘은 엄청난 차이가 나는 것은 아닌 것처럼 보이지만 심혈관 질환에 미치는 영향은 적지 않게 차이가 난다. 과거 많은 연구에서 동물성 지방 및 일부 식물성 지방에 포함된 포화지방이 심혈관 질환과 이로 인한 사망 위험도를 높이는 것으로 나타났다. 따라서 WHO, 미국, 영국, 유럽 등 여러 나라의 보건 당국은 포화지방산 섭취를 제한하고 불포화지방산 섭취를 권장하는 가이드라인을 제시했다. 그런데 흥미롭게도 각 국가와 기관에 따라서 그 정도에 차이가 있다.

  2013년에 미국 심장협회AHA, American Heart Association와 미국 심장학학회ACC American College of Cardiology는 합동 가이드라인에서 LDL 콜레스롤을 줄이기 위한 적정 포화지방산 섭취를 전체 열량에서 5~6% 수준으로 권장했다. 그 근거 중 하나는 DASH 및 DELTA 프로그램처럼 포화지방이 많은 식이와 적은 식이를 비교한 식이 연구다. 이 연구에서 포화지방이 많은 전통적인 미국식 식사를 한 사람보다 채소, 견과류, 생선, 견과류를 많이 포함한 저포화지방 식이를 한 경우 LDL 콜레스테롤이 의미있게 감소했다. AHA/ACC 합동 가이드라인에서는 현재 미국의 포화지방 섭취가 과거보다 줄었지만 아직도 11%에 이르는 등 최적 수준보다 매우 높다고 지적했다. 과거 식이 비교 연구에서는 포화지방 1%를 탄수화물, 단순불포화지방, 다불포화지방으로 교체하는 경우 LDL 콜레스테롤이 각각 1.2, 1.3, 1.8 mg/dL 감소했다. 따라서 포화지방을 가능한 다른 에너지원으로 변경해야 하는데 탄수화물의 경우 중성지방 증가의 위험성이 있으므로 불포화지방이 가장 적절한 대체 대상이다.

그런데 나중에 설명하겠지만 포화지방 5~6%는 한국인이라면 몰라도 대다수 미국인에게는 현실과 동떨어진 이야기다. 미국 농무부가 발표한 미국인을 위한 식생활 가이드라인은 더 현실적인 10% 수준을 제시했다. 이 가이드라인 역시 심혈관 질환을 포화지방 섭취 제한의 이유로 제시했다. 비슷하게 유럽 합동 심장학학회Joint ESC. European Society of Cardiology 2016년 가이드라인에서도 10%를 제안했다. 이는 포화지방을 불포화지방으로 대체해서 달성할 수 있다(Saturated fatty acids to account for ⟨10% of total energy intake, through replacement by polyunsaturated fatty acids.). 앞서 언급했듯이 포화지방을 대체하기에 가장 적당한 에너지원은 다불포화지방산이다. 세계 보건기구와 세계 식량기구는 전체 열량 섭취에서 지방은 15~30%, 포화지방산은 10% 미만을 권장했다. 일본 후생노동성 역시 지방 전체는 20~30%가 권장량이고 포화지방산 섭취는 7%로 제한했다. 이는 주로 심장병(심근 경색 등)의 위험도를 고려한 것이다.

국내에서는 우리와 비슷한 특성을 지닌 일본의 사례와 현재 한국인의 평균 섭취량을 고려해 7% 미만을 기준으로 사용하고 있다. 한국인의 경우 젊을수록 식생활이 서구화되는 특징상 보통 노인 인구에서는 지방 섭취가 적은 편이지만, 젊은 층에서는 다소 높은 특징을 가지고 있다. 물론 앞서 살펴봤듯이 첨가당 섭취도 비슷한 특징을 가지고 있다. 이는 미래에 우리나라에서 심혈관 질환의 위험도가 지금보다 높아질 가능성을 시사한다.

그런데 여기서 다시 질문을 해보자. 포화지방산이 정말 그렇게 나쁜가? 사실은 여기에 대해서 최근 논쟁이 일어나고 있다. 모든 연구에서 포화지방과 심혈관 질환을 포함한 전체 사망률 증가가 확인되지 않았기 때문이다.

예를 들어 2014년에 발표된 메타 분석 결과 포화지방 섭취와 심혈관 질환과의 상관성이 확실하게 발견되지 못했다. 연구자들은 포화지방산 섭취를 줄이고 불포화지방으로 대체하도록 하는 현재의 가이드라인에 대한 증거가 충분치 않다고 결론 내렸다.(6) 물론 이는 학계에서 상당히 격렬한 논쟁을 낳았다. 일부 학자들은 현재의 가이드라인이 충분한 근거가 없다고 주장했고 다른 쪽에서는 몇몇 메타 분석과 역학 연구가 충분히 변수를 통제하지 못하거나 적절하지 못한 방법으로 이뤄졌다고 맞섰다.

최근에 발표된 중요한 역학 연구는 미국에서 진행 중인 대규모 역학 연구인 간호사 건강 연구NHS와 의료 전문가 추적 연구HPFS 결과다. 이 연구에서 4년 간격으로 설문조사한 식이 습관과 각종 질병 발생률, 그리고 사망률을 조사한 결과(총 126,233명의 대상자와 33,304명의 사망자가 발생) 포화지방산 섭취가 전체 사망률과 심혈관 질환으로 인한 사망률을 높인다는 것이 확인되었다(2016년). 전체 에너지 섭취 중 5%를 포화지방에서 다불포화지방산으로 변경하는 경우 사망률이 27%, 그리고 단불포화지방산으로 바꾸는 경우 13%가 감소하는 것이 확인되었다.(7) 따라서 전체 지방섭취에서 가능한 포화지방을 줄이고 그만큼을 불포화지방, 특히 다불포화지방으로 대체해야 하는데, 이는 기존의 연구 결과 및 현재 대부분의 국가에서 권장하는 가이드라인과 일치한다. 그런데 앞서 언급했듯이 이 연구가 매우 잘 디자인된 대규모 연구인 점은 사실이지만, 여러 가지 이유로 인해서 편향이나 오류가 생길 가능성이 없는 것은 아니다. 따라서 여기서 논쟁이 끝날 것 같지 않다.

아무튼 포화지방에 대한 논쟁은 여기서 간단히 다룰 수 없을 만큼 복잡하다. 관련된 여러 연구와 논문을 계속 나열하는 것은 독자들에게 큰 도움이 되지 않을 것 같다. 그러면 지금 우리는 어떻게 대처하는 것이 좋을까?

과학의 가장 중요한 특징은 반증의 가능성이다. 하지만 이는 과학적 증거나 이론이 모두 믿을 수 없다는 이야기가 아니라 적절한 과학적인 근거가 있다면 언제든지 바뀔 수 있다는 이야기다. 다만 여기에는 충분한 증거가 필요한데, 아직 포화지방을 제한할 필요가 없다고 할 정도로 증거가 충분한지는 의문이다. 이를 보여주는 증거는 주요 국가의 보건 당국 및 학회에서는 현재까지 가이드라인을 변경하지 않았다는 것이다. 학회나 국가에서 내놓는 가이드라인은 보통 여러 대학의 교수 및 연구로 인정받는 학자들이 만드는 것이다.

하나의 가이드라인을 제정하기 위해서는 적어도 수십 명에서 많게는 수백 명의 학자가 논의를 하고 합의를 거쳐야 한다. 그러면 결국 가장 널리 지지를 받는 이론이 실리는 것이 보통이다. 100명 중 2~3명이 반대하는 주장은 실리기 쉽지만, 20~30명이 반대하면 실리기 쉽지 않다. 그렇게 보면 어떻게 받아들이는게 좋을지 판단할 수 있다. 현재 각국 학계의 주도적인 관점은 포화지방의 위험성을 배제할 수 없다는 것이다. 따라서 지금은 포화지방 섭취 제안 권고안을 받아들이는 것이 더 안전하다. 물론 미래의 변화 가능성도 배제할 수 없지만, 아직은 그렇다는 이야기다.

이렇게 길게 설명을 한 이유 중에 하나는 포화지방산 섭취가 해롭지 않다는 주장을 하는 사람들이 있기 때문이다. 이런 주장을 담은 책도 서점에서 팔리고 있다. 하지만 아직은 해롭다는 증거가 무시할 수 없을 만큼 많을 뿐 아니라, 앞서 살펴본 것처럼 새로운 연구를 통해서도 계속 입증되고 있다. 그렇다면 아직은 조심하는 것이 현명한 판단이다. 왜냐하면 사망이라는 아주 심각한 결과를 다루고 있기 때문이다.

11
포화지방이 많은 음식은?

앞서 일반적인 한국인의 식사에서는 지나친 첨가당 섭취는 걱정할 필요가 없다는 좋은 소식을 전했다. 포화지방산에 대해서도 같은 좋은 소식을 전할 수 있다. 한국인의 경우 일반적인 식사를 한다고 가정하면 기준치를 훨씬 넘어선 포화지방산 섭취 위험성은 높지 않기 때문이다. 아직도 한국인 주류는 대개 채식 위주로 육류 섭취량이 서구 대비 낮다. 따라서 동물성 포화지방 섭취가 상대적으로 낮을 수밖에 없다. 2008년~2012년 국민건강영양조사에서 나타난 바에 의하면 역시 예상대로 젊은층과 소아 청소년에서 포화지방 섭취가 높지만 여전히 기준치(7%) 아래이며 노인층에서는 지방 섭취 자체가 매우 낮은 것을 볼 수 있다. 오히려 노령층에서는 탄수화물 섭취를 줄이고 다른 영양소 섭취를 권장할 필요가 있다.

연령	평균 섭취량 (전체 열량에서 %)	
	남자	여자
1-2	6.6	6.6
3-5	5.0	5.5
6-9	4.5	4.3
9-11	4.2	4.0
12-14	4.3	3.9
15-18	4.5	3.4
19-29	4.9	3.6
30-49	3.9	3.2
50-64	3.3	1.2
65-74	2.1	1.7
75 이상	2.1	1.8

(표. 한국인의 평균 포화지방 섭취. 출처: 질병관리본부. 2008-2012)

참고로 포화지방은 필요 없는 존재가 아니다. 포화지방은 동물성 지방에 풍부하며 우유와 치즈 같은 유제품, 그리고 코코넛유 및 팜유 같은 식물성 지방에 풍부하다. 필요 없는데 이렇게 풍부하게 가지고 있을 리는 없다. 다만 몸에서 필요한 만큼 충분히 합성할 수 있다 보니 필수 지방산으로 섭취할 필요가 없는 것이다. 우리나라나 일본처럼 포화지방 섭취가 적은 국가에서 이로 인한 문제가 보고된 적이 없는 것은 그럴 만한 이유가 있는 셈이다.

하지만 평균치라는 것은 항상 평균보다 많이 섭취하는 사람이 있다는 의미이기도 하다. 평소에 기름진 음식을 좋아하거나 고기를 좋아하는 사람, 인스턴트식품과 패스트푸드를 자주 먹는 사람이라면 이를 줄여야 한다. 한국인은 연령, 성별, 개인에 따른 섭취량 차이가 생각보다 큰 편이다.

참고로 식품에 들어있는 포화지방은 표로 정리했다. 건강식품이라고 생각했던 유제품에 생각보다 많은 포화지방이 있다는 것을 알 수 있는데, 우유 100g당 평균 함량은 2.4g 정도로 사실 아주 많은 건 아니다. 이 정도면 하루 열량 섭취에서 1% 이하일 것이다. 즉 하루 250ml 우유 한 팩 정도를 마셔도 2.5% 정도인 것이다. 한국인의 평균 포화지방 섭취량을 감안할 때 평소 기름지게 먹는 사람이 아니라면 굳이 저지방 우유를 찾거나 치즈가 들어간 음식을 거부할 이유는 없을 것 같다. 미국 등 해외 가이드라인에서는 저지방 우유를 권장하는 경우도 있는데, 지방 및 포화지방 섭취 사정이 우리와는 좀 다르기 때문이다.

식품	총지방 (g/100)	포화지방(g/100g)	콜레스테롤(mg/100g)
돼지기름	100	39.5	100
쇠기름 (우지)	99.8	45.5	100
옥수수기름	100	12.5	0
유채씨기름 (홍화유)	100	6.1	2
참기름	100	14.2	0
코코넛유	100	84.9	1
팜유	100	47.6	1
해바라기유	100	9.8	0
올리브유	100	12.3	0
마가린	82.4	21.8	1
버터	84.5	51.4	200
마요네즈	72.5	7.5	212
호두	68.7	6.9	0
달걀	11.2	3.1	470
우유	3.9	2.4	14
아이스크림	13.9	7.7	32
도넛	22.7	6.0	110

(표. 식품 중 포화지방 함유량. 출처: 농촌진흥청)

진짜 포화지방이 많은 음식은 예상할 수 있듯이 바로 동물성 기름이다.

특히 삼겹살처럼 기름기가 많은 고기의 경우 아무리 기름을 따로 버린다고 해도 상당한 양의 포화지방산 섭취를 피할 방법이 없다. 대략 삼겹살 60g 가운데 포화지방 함량은 9.3g 정도로 통상적인 1인분인 180g 정도를 먹는 다면 최대 28g의 포화지방을 섭취하게 된다. 이는 252kcal로 하루 열량 섭취의 7%가 아니라 10%도 넘는다.

삼겹살은 아주 맛있는 고기로 필자도 가장 선호하는 고기다. 하지만 다량 섭취할 경우 고열량 고지방 식품이라 비만의 원인이 되며 상당한 포화지방 섭취를 피하기 어렵다. 그런데 다행인지는 모르겠지만 한국에서는 고기가 비싼 덕분에 주식으로 먹는 사람은 별로 없을 것이다. 따라서 매일 과하게 먹지만 않는다면 문제될 만큼 섭취하는 경우는 드물다.

흥미로운 사실은 우리가 예상하지 않았던 식품에 포화지방이 많다는 것이다. 도넛에 포화지방이 많다는 것은 놀라운 일은 아닐 것이다. 하지만 사실 아이스크림에도 포화지방은 적지 않다. 가장 의외의 사실은 초콜릿에도 많이 포함되어 있다는 것이다. 제조사에 따라 다르지만, 초콜릿에는 보통 팜유나 코코아버터, 기타 식물성 기름이 다량 포함되기 때문이다.

실제로 이름만 대면 다 알 수 있는 모 초콜릿 제품의 경우 34g의 용량 가운데 당류는 18g, 지방은 11g이다. 이중에 포화지방은 무려 7g에 달한다. 초콜릿이라고 해서 첨가당만 많을 것이라는 편견을 깨는 결과다.

라면 역시 포화지방이 많은 식품이다. 팜유를 비롯한 식물성 지방이 많이 포함된 유탕면류(기름으로 튀긴 면류)이기 때문이다. 필자가 자주 먹었던 라면을 보면 1봉지 용량인 120g 중 지방의 함량은 16g 정도이며 이중 포화지방의 함량은 절반인 8g이다. 라면 한 봉지의 열량 505kcal 가운데 포화지방이 차지하는 비중은 72kcal로 대략 14%에 달하니 적은 양은 아닌 셈이다.

지방이 많은 식품 중에는 밀가루를 튀긴 대부분의 과자도 해당된다. 역시 필자가 어린 시절 매우 좋아했고 지금도 가끔 먹는 모 크래커(역시 앞에 봤던 상품처럼 이름만 대면 다 아는 그런 제품)의 경우 30g 가운데 탄수화물은 18g, 당류 2g, 단백질 2g, 지방 9g이다. 그런데 그중 포화지방은 4.6g이다. 여기서 함정은 크래커처럼 수분 함량이 적은 제품은 사실 에너지 밀도가 아주 높다는 것이다. 1회 30g으로 표기한 열량에는 사실 한 봉지가 121g이라는 사실이 숨겨져 있다. 보통 한 개 다 먹는 경우가 많은 만큼 하루 하나만 출출할 때 먹어도 기준치를 훨씬 초과하는 포화지방을 섭취하게 된다.

튀김 과자라고 하면 질소 과자(?)의 대명사인 감자칩 종류도 빼놓을 수 없다. 역시 유명한 모 감자칩의 경우 66g 가운데 탄수화물 34g, 지방 25g, 단백질 4g, 그리고 포화지방 8g의 비율이다. 후식이나 간식으로 먹기에는 역시 너무 많은 포화지방이 담겨있다. 참고로 튀기거나 크림이 들어가는 빵류에도 생각보다 많은 포화지방이 들어 있는 경우가 있다. 직접 확인해 보자.

관심을 가지고 가공 식품의 포장을 본다면 식품 영양 정보에 전체 지방 및 포화 지방의 양과 하루 권장 섭취량에서 차지하는 비중이 같이 표기되어 있다는 것을 알 수 있다. 예를 들어 1회 제공량에 포화 지방 4.6g인 경우 하루 권장 제한 섭취량에서 31% 라는 의미에서 '포화지방 4.6g(31%)'로 표기되어 있다. 이런 과자나 빵 3회 제공분을 먹으면 포화 지방 하루 제한 섭취량에 도달하게 된다는 의미다. 여기서 주의해야 할 점은 앞서 언급했듯이 1회 제공량 = 한 개가 아니라는 점이다. 가공식품을 즐겨 먹으면 의외로 쉽게 권장 섭취량을 초과할 수 있다.

이런 점을 보면 한국인의 포화지방 섭취가 낮다는 것이 약간 의아할 수 있는 결과다. 라면은 거의 주식의 위치를 차지하고 있고 과자류도 심심치 않게 먹으니 말이다. 삼겹살도 한국인의 인기 회식 메뉴 가운데 하나다. 사실 국민건강영양조사 같은 국가 단위 조사를 하게 되면 상대적으로 건강하게 먹는 사람이 많이 응답할 가능성이 높아져 약간 적게 표시될 가능성이 있다. 동시에 한국인의 지방 섭취는 첨가당과 마찬가지로 개인별, 성별, 연령별 차이가 크다고 알려졌다. 즉, 평균이 괜찮은 것이지 평소에 기름진 음식과 가공식품을 많이 먹어도 안전하다는 이야기가 아니다. 그런 만큼 평소에 이런 식품을 끼니를 때우는 경우 경각심을 가지고 포화지방 섭취를 줄이도록 노력하자.

여기서 잠깐

견과류를 많이 먹으면 심혈관 질병 예방은 물론 사망률을 낮추는 데 도움이 된다. 2014년에 발표된 메타 분석에서는 31개의 연구에서 발표된 12,655명의 2형 당뇨, 8,862명의 심혈관 질환, 6,623명의 협심증, 6,487명의 뇌졸중 환자, 48,818건의 사망 케이스를 분석해서 견과류 섭취가 이 모두를 감소시킬 수 있음을 보여줬다. 특히 모든 원인에 의한 사망률이 17%나 감소했다.(8) 연구팀은 그 첫 번째 원인으로 견과류에 풍부한 불포화지방산을 들었다. 아몬드는 건조 중량의 반이 지방이며 그중 90% 이상이 불포화지방일 만큼 불포화지방 함량이 높다. 두 번째 이유는 탄수화물이 거의 없어 식후 혈당을 조절하는 데 도움이 된다는 것이다. 여기에 견과류가 만성염증을 가라앉히고 칼슘, 마그네슘, 포타슘 같은 미네랄이 풍부한 것이 원인이라는 주장도 있다.

땅콩, 아몬드, 호두 같은 견과류는 식후 디저트는 물론 간식으로 적당하다. 하지만 맛을 내기 위해 소금이나 당류를 넣은 경우에는 문제가 될 수 있으니 주의하자. 동시에 지방이 많은 만큼 열량도 높아서 과도한 섭취는 비만으로 이어질 수 있다. 유럽 심장학회 가이드라인에서는 하루 30g 정도를 권장량으로 보고 있는데 대략 이 정도가 비만을 피하고 적당한 식물성 불포화지방을 섭취할 수 있는 수준인 것 같다.

그런데 견과류를 추가로 소개하는 데는 그럴 만한 이유가 있다. 충분한 지방을 섭취하기 위해서 굳이 고기만 고집할 이유가 없다. 고기 vs 채식의 구도가 아닌데도 좀 이상하게 받아들이는 사람들이 있는 것 같다. 견과류가 매우 좋은 식이 지방의 공급원이라는 점을 기억하자.

12

트랜스지방과 부분 경화유

얼마 전 '트랜스지방 퇴출'이라는 내용의 기사를 본 기억이 있는 독자들도 있을 것이다. 하지만 사실 퇴출된 것은 트랜스지방이 아니다. 솔직히 트랜스지방은 퇴출될 수도 없고 그럴 이유도 없다. 진짜 퇴출이 된 것은 이제부터 설명할 부분경화유다.

트랜스지방은 앞서 언급했듯이 이중결합을 가진 탄소에 있는 수소의 위치가 서로 반대인 지방산이다. 트랜스지방 자체는 자연계에 대단히 흔한 물질이라 우리가 먹는 상당수의 식품에 알게 모르게 들어있지만 대개는 소량이다. 인류가 트랜스지방을 소량이 아니라 대량으로 섭취하게 된 것은 사실 각종 첨가당과 마찬가지로 비교적 최근의 일이다.

트랜스지방과 부분경화유에 대해서 설명하려면 단순히 그 구조가 아니라 산패^{rancidity, 酸敗}라는 현상을 설명할 필요가 있다. 산패는 쉽게 말해 기름이 산소, 빛, 열, 세균, 효소 등 여러 가지 요인에 의해 화학변화를 일으키는 것으로 기름이 변질되는 현상이라고 할 수 있다. 따라서 변패^{變敗}라는 표현도 사용된다.

산패는 지방이 가수분해되는 경우, 미생물이나 효소에 의해 산화 분해되어 알데하이드나 케톤이 생기는 경우, 그리고 공기 속에 산소에 의해 산화되는 경우 등의 과정을 거쳐 일어난다. 산패가 일어나면 한마디로 기름이 상해서 못 먹게 될뿐 아니라 일부 산패 결과물은 독성도 있어 사실 먹으면 안 된다. 특히 불포화지방산이 산패가 잘 일어나 음식을 금방 상하고 맛없게 만든다.

따라서 지방산이 산패되는 것을 방지하기 위해서 화학자들은 많은 노력을 기울였다. 1890년대 말 화학자인 사바티에Nobel laureate Paul Sabatier는 수소 첨가hydrogenation 반응을 연구했다. 그의 수소 첨가 공정은 CH=CH 결합을 CH_2CH_2로 바꿀 수 있었으나 기체 상태에서만 가능했다. 1902년 독일의 화학자인 빌헬름 노르만Wilhelm Normann은 여기서 한발 더 나아가 액체 상태의 기름에 수소를 첨가해 고체 상태로 바꾸는 놀라운 기술을 개발했다.

그는 즉시 특허를 받고 이를 이용한 식품 생산 공장을 세우기 위해 노력했다. 이 기술은 1909년 미국의 프록터 앤 갬블Procter & Gamble사에 팔렸는데, 이 회사는 1911년부터 최초의 수소 첨가 쇼트닝(shortening, 제과, 제빵용으로 사용하는 반고체 상태의 기름)을 제조해 크리스코Crisco라는 상품명으로 판매했다. 이 회사는 동시에 크리스코를 이용한 각종 요리법을 담은 책자를 배포해 현대 과학 기술로 제조한 이 획기적인 지방 제품의 시대를 앞당겼다.

앞서 본 첨가당과 마찬가지로 수소 첨가 공정으로 만들어진 새로운 지방은 식생활에 일대 변화를 가져왔다. 첨가당 자체는 지방과 마찬가지로 사실 산업 혁명 이전부터 존재했던 식품이다. 하지만 첨가당이 산업화 시대에 이르러 대량으로 생산되면서 엄청나게 먹기 시작한 것이 문제였다면, 수소가 첨가된 새로운 기름은 사실 그 이상의 문제를 지니고 있었다. 여기까지 들으면 눈치 빠른 독자는 수소가 첨가된 새로운 기름이 바로 트랜스지방을 의미한다는 사실을 짐작했을 것이다. 하지만 뭔가 이상하다. 수소를 첨가했으면 불포화지방이 포화지방이 되면서 오히려 트랜스지방이 사라져야 하는 게 아닐까? 여기까지 떠오른 독자는 앞서 내용을 열심히 읽고 잘 이해한 셈이다. 하지만 혹시 이해하지 못했다고 해도 다음 설명을 천천히 읽어보면 화학자들이 어떤 마법을 부렸는지 이해가 가능할 것이다.

1912년에 등장한 크리스코를 이용한 요리책 표지.

니켈 같은 금속 촉매를 사용해서 불포화지방에 수소를 첨가하면 이중결합CH=CH에 수소 두 개가 들어가면서 이중 결합이 사라진다. 즉, 포화지방이 되는 것이다. 하지만 사실은 촉매와 화학 반응의 힘이 모든 이중 결합을 다 없애기에 충분하지 않다. 따라서 일부 이중결합이 남게 되는데, 이로 인해 부분적으로 포화지방산이 된 부분경화유partially hydrogenated oil, PHO라는 반고체 상태의 기름이 탄생한다. 문제는 이중결합을 푸는데 실패한 경우라도 상당한 힘을 가해 수소의 위치를 반대로 바꾼다는 것이다. 보통 자연에 존재하는 이중결합은 시스 형태가 많으며 트랜스 형태는 일부에 불과하다. 하지만 수소 첨가 과정을 거치면 이제 상당수 이중결합이 트랜스 형태로 변하면서 트랜스지방 함량이 많아진다. 즉, 부분경화유란 포화지방과 트랜스 불포화지방이 풍부한 기름이다.

시스 형태의 불포화지방은 녹는점이 낮은 특징을 가지고 있다. 그래서 상온에서 보통 액체 기름으로 존재한다. 식용유가 그 대표적인 예다. 하지만 이를 포화지방과 트랜스지방으로 바꾸면 녹는점이 높아지면서 고체나 반고체 상태로 변한다. 쉽게 말해 액체 상태의 식물성 기름이 마가린 같은 고체 상태로 변하게 된다는 것이다. 액체인 기름이 단단해지기 때문에 이 과정을 경화라고 부르기도 한다. 이렇게 경화 과정을 거친 부분경화유[PHOs]가 바로 우리가 흔히 트랜스 지방으로 부르는 식품 첨가물의 정체다. 그런데 왜 이를 식품에 첨가하는 것일까?

크리스코 같은 쇼트닝 제품은 사실 이전에도 있었다. 우리는 단맛에 대한 갈망 못지않게 사실 고소하고 기름기 있는 음식에 대한 욕구를 가지고 있다. 그래서 기름 성분을 식품에 첨가해 주면 더 맛이 좋아진다. 마치 비빔밥에 참기름을 넣으면 훨씬 맛이 좋아지는 것과 같은 원리다. 그런데 케이크 반죽에 액체 상태의 식용유를 혼합하기는 어려웠다. 반고체 상태로 반죽에 섞기 위해서는 녹는점이 높은 목화씨 기름과 쇠기름을 혼합하는 등 까다롭고 비싼 과정을 거쳐야만 했던 것이다.

그런데 크리스코 같은 부분경화유가 등장하자 이 분야에 혁명이 일어났다. 값싸고 더 반죽에 쉽게 섞이는 고체 기름이 등장했기 때문이다. 더구나 맛도 좋아지고 산패도 잘 일어나지 않아 식품을 오래 보관하는데도 도움이 된다. 부분경화유는 첨가당에 이은 제빵, 제과 업계에 혁명이라는 표현은 절대 과언이 아니었다. 케이크, 도넛, 과자, 패스트푸드 등 온갖 식품에 첨가당은 물론 부분경화유가 같이 들어가 맛이 한결 좋아지고 보관도 쉬워졌다. 문제는 이게 건강에는 좋지 않다는 것이다. 부분경화유에 들어있는 포화지방과 트랜스지방 모두 건강에 좋지 않은데, 특히 트랜스지방이 더 심각한 문제를 일으킨다.

트랜스 불포화지방산과 포화지방산은 비슷하게 높은 온도에서 녹기 때문에 경화(고체화)가 잘 되는 특징을 가지고 있어 실제 식품에 넣을 때는 구분하지 않고 첨가한다. 경화유의 종류에 따라 다르지만, 쇼트닝 같은 경우 트랜스지방은 100g당 10~33g, 마가린이나 식빵에 발라서 먹는 스프레드는 3~26g 정도가 들어있다.

13

퇴출된 것은
트랜스지방이 아니다.

    트랜스지방이 건강에 좋지 않을 수 있다는 것은 트랜스지방이 널리 사용된 지 한참 후에야 밝혀졌다. 왜냐하면, 이런 식생활 습관에 대한 역학 연구가 주로 20세기 후반에 시작되었기 때문이다. 트랜스 지방은 인체에서 LDL 콜레스테롤의 비율은 높이는 반면 HDL 콜레스테롤은 낮춰 동맥 경화를 촉진한다. 동시에 트랜스지방 자체가 인체 내에서 만성 염증 반응을 유발한다. 이 모든 과정은 결국 심근 경색과 같은 치명적인 심혈관 질환의 위험도를 높인다. 수많은 연구가 실제로 트랜스지방 섭취와 심혈관 질환의 위험도가 큰 연관성이 있다는 사실을 밝혀냈다.

    1995년에 미 공공보건 저널American journal of public health에는 트랜스지방 섭취가 미국에서만 연간 3만 명의 사망과 연관성이 있다는 결과가 발표되었다.(9) 다시 2006년에는 매년 3~10만 명 정도의 심혈관 질환 사망이 트랜스지방과 연관이 있다는 연구 결과가 다른 저널에 발표되었다.(10) 앞서 언급했던 간호사 건강 연구에서는 전체 열량에서 트랜스지방 섭취가 2% 증가하면 관상동맥질환(심근경색, 협심증 등) 위험도는 2배로 증가하는 것으로 나타났다.(11) 이외에도 당뇨나 비만 같은 여러 다른 질환의 위험도 역시 증가할 수 있다. 참고로 앞서 일부 연구에서는 포화지방의 위험성이 확인되지 않았다고 했지만, 트랜스지방의 경우 심혈관 질환과의 연관성이 포화지방보다 훨씬 잘 입증되어 논란이 거의 없다.

이렇게 되자 FDA가 부분경화유를 일반적으로 안전한 물질GRAS로 지정한 것에 대해서 비판이 일어났다. 결국 2013년부터 FDA는 개정작업을 벌여 2015년 최종적으로 부분경화유를 GRAS에서 삭제하고 유해한 물질로 규정하기에 이르렀다. 아래는 공식 발표문이다.

> Based on a thorough review of the scientific evidence, the U.S. Food and Drug Administration today finalized its determination that partially hydrogenated oils (PHOs), the primary dietary source of artificial trans fat in processed foods, are not "generally recognized as safe" or GRAS for use in human food. Food manufacturers will have three years to remove PHOs from products.
>
> 출처: FDA. http://www.fda.gov/NewsEvents/Newsroom/
> PressAnnouncements/ucm451237.htm

여기서 FDA가 금지한 것은 인공적인 트랜스지방의 주된 섭취 경로인 부분 경화유PHOs라는 것을 알 수 있다. 하지만 부분경화유가 트랜스지방만 들어있는 것이 아님에도 불구하고 트랜스지방과 혼용되어 사용되다 보니 이것을 트랜스지방 금지로 잘못 번역해서 언론에 보도된 탓에 진짜로 트랜스지방이 퇴출된 것으로 잘못 알고 있는 경우가 많다. 하지만 이는 명백히 잘못된 이야기다. 사실 트랜스지방은 우리가 먹는 동물성 지방에 5%까지 존재할 수 있으며 식물성 기름도 섭씨 수백 도로 가열할 경우 2% 정도 변환될 수 있기 때문이다. 또 포유동물의 젖에도 들어있어 엄마의 모유는 물론 우리가 마시는 우유와 유제품에도 일부 포함되어 있다. 따라서 FDA가 트랜스지방을 금지할 방법도 없고 사실 그럴 이유도 없다.

그런데 여기서 새로운 질문이 떠오른다. 그러면 천연적으로 존재하는 트랜스지방은 안전할까?

14

천연적으로 존재하는 트랜스지방도
피해야 하나?

트랜스지방 0%라고 표기된 식품은 정말 트랜스지방 함량이 0일까? 아닐 수도 있다. 왜냐하면, 앞서 설명한 것처럼 트랜스지방은 자연계에 매우 흔한 물질이기 때문이다. 불포화지방은 동물과 식물에 매우 흔하며 이중 대부분은 시스 형태이지만, 일부는 트랜스 형태를 한 경우도 있다. 앞서 말했듯이 사실 포유류의 젖에도 포함되어 있다.

우유의 경우 소가 먹는 사료와 상태에 따라서 조금씩 차이가 있지만, 100g 가운데 대략 3.6g 정도의 유지방이 존재한다. 이 유지방 가운데 트랜스지방의 함량은 2~5% 수준으로 대부분은 CLA라는 약자로 불리는 공액리놀레산conjugated linoleic acid과 박센산Vaccenic acid이다.

공액리놀레산은 사실 시스와 트랜스 결합을 모두 갖춘 지방산으로 인터넷에서 검색해보면 항암성은 물론 항동맥경화 및 콜레스테롤 감소, 체중 감량 같은 놀라운 효능을 가진 물질로 설명되어 있으나 쉽게 예상할 수 있듯이 근거가 부족하다. 왜냐하면, 암을 억제하는 능력은 쥐를 대상으로 한 동물실험에서 일부 보고되었을 뿐 사람에서 보고된 바 없고 다른 건강에 유익한 특징 또한 마찬가지이기 때문이다. 흥미로운 것은 일부 교과서나 사전에도 마치 입증된 효능인 것처럼 잘못된 설명이 나오고 있다는 것이다. 그런 엄청난 효과가 입증되어 있다면 의료 목적으로 사용하는 것은 물론 오메가-3에서 볼 수 있듯이 이를 이용한 건강보조제들이 무수히 쏟아져 나올 것이다. 물론 실제로는 그렇지 않으니 오해가 없기 바란다.

박센산은 장내 미생물에 의해 수소 첨가가 일어나 흡수된 것이다. 소 같은 초식동물은 스스로 셀룰로스를 가수분해하는 셀룰라아제를 생산하지 못해 미생물의 도움을 얻는다. 이 미생물은 소가 먹은 풀과 사료를 분해해서 다양한 물질을 만드는데 박센산도 그 중 하나다. 흡수된 박센산은 지방산의 일종으로 우유에도 분비된다.

우유에 포함된 트랜스지방은 소량에 불과해서 사실 이 정도로 건강에 큰 영향을 줄 것이라고 믿기는 어렵다. 실제로 우유 섭취와 심혈관 질환에 연관성이 있었다면 상당히 많은 국가에서 많은 사람들이 섭취하고 있으므로 지금까지 발견 못했을 가능성은 별로 높지 않다.

흥미로운 것은 우유의 사례를 들긴 했지만 사실 다른 포유동물의 젖에도 미량의 트랜스지방이 자연적으로 존재할 수 있다는 것이다. 이는 모유도 마찬가지다. 물론 안심해도 좋다. 이런 미량의 트랜스지방이 악영향을 미친다는 근거가 없기 때문이다. 앞서 설명했듯이 첨가당의 경우와 마찬가지로 우리가 대량의 트랜스지방을 먹게 된 것은 식품첨가제로 대량으로 생산된 이후다. 설탕이나 과당도 소량 섭취할 때 전혀 위험하지 않은 물질이지만 남용하면서 문제가 되었다. 트랜스지방 역시 마찬가지라고 할 수 있다.

흥미로운 점은 몇몇 연구에서 천연적으로 존재하는 트랜스지방이 LDL

을 낮추는 효과가 있다고 보고된 점이다.(12) 그러나 현재까지 천연적 혹은 인공적 트랜스지방이 인체에서 완전히 다른 영향을 미친다는 증거는 부족하다. 일반적으로 트랜스지방은 LDL 콜레스테롤을 높이고 HDL 콜레스테롤을 낮추는 효과가 비슷하게 나타나는 것으로 보인다.(13) 하지만 앞서 언급한 것처럼 천연 트랜스지방은 소량이라 건강에 미치는 영향이 미미하다. 권장 수준의 지방 섭취(30% 이하)에서는 권고안에서 제시한 1% 이하 트랜스지방 섭취가 어렵지 않을 것이다.

15

트랜스지방 0%는
사실 0%가 아니다?

본래 식품에 미량 들어있는 트랜스지방의 경우 해롭다는 증거가 불충분하므로 굳이 이를 제거하고 먹을 필요는 없다. 제거하는 과정에서 비용문제는 물론 오히려 그 과정에서 성분이 변질되거나 유용한 영양소가 빠질 수도 있다. 예를 들어 모유에서 트랜스지방을 제거한 후 다시 수유를 하는 경우를 생각해보자. 당연히 현실성이 떨어지는 이야기다. 따라서 FDA는 트랜스지방 전체가 아니라 식품 첨가제로 널리 들어가는 부분경화유를 퇴출하도록 결정한 것이다.

대부분의 국가에서 트랜스지방은 전체 열량의 1% 미만이나 섭취량이 적을수록 좋다고 보고 있는데, 통상적인 식사를 하는 사람이 부분경화유가 들어간 가공식품을 먹지 않는다면 쉽게 달성할 수 있는 수준이다. 더구나 일반적으로 안전한 물질에서 제외되어 유해한 물질로 인정된 만큼 부분경화유는 앞으로 모두 퇴출될 것으로 보인다. 솔직히 이미 그 유해성이 많이 언급되면서 식품 제조회사들이 부분경화유를 대부분 사용하지 않기 때문에 너무 우려할 필요는 없을 것 같다.

참고로 앞서 말한 이유로 인해 천연적으로 존재하는 트랜스지방에 대해서는 식품 표기에서 0% 하는 것을 인정하고 있다. 1회 공급량인 30g당 0.2g 이하의 미량 트랜스지방은 자연적으로 있을 수 있다고 보는 것이다. 요즘 나오는 가공식품 가운데 상당수는 트랜스지방 0%로 표기하고 나온다. 하지만 앞서 설명했듯이 트랜스지방처럼 흔한 물질이 0%가 되기는 어렵다. 이 표현은 진짜 트랜스지방이 0%라는 것보다는 부분경화유를 첨가하지 않았다는 의미로 해석하는 것이 적당하다. 동시에 먹어도 큰 문제가 되지 않는 수준의 미량 트랜스지방만 있다는 의미이기도 하다.

현재 상태에서 트랜스지방 섭취를 피하고 싶다면 가공 식품의 성분 표기를 주의해서 살펴보자. 최근 나오는 과자류는 대부분 부분 경화유를 사용하지 않고 있다. 참고로 도넛은 트랜스지방이 풍부한 대표적인 음식이었는데, 업계에서 이를 줄이기 위해 노력한 끝에 현재는 부분경화유를 대부분 사용하지 않는다. 기름을 가열하고 튀기는 과정에서 일부 트랜스지방이 생길 순 있지만, 과거처럼 트랜스지방 덩어리는 아닌 셈이다. 참고로 튀김 음식은 고온에서 장시간 가열한 경우가 아니라면 트랜스지방 함량이 크게 증가하지 않는다. 덕분에 기름에 튀긴 과자나 라면에 트랜스지방 함량을 0으로 표시할 수 있다.

여기까지 이야기를 들으면 앞서 본 식품 영양표시에서 왜 이런 식의 표시가 있는지가 이해될 것이다. 가공 식품에서 포화지방과 트랜스지방을 따로 표시하는 이유는 섭취량을 제한하기 위한 것이다. 가공식품에 사용되는 부분경화유가 아니라면 트랜스지방을 대량으로 섭취하는 경우는 많지 않다.

16

고지방식이가 위험할까?

　　앞서 저탄수화물 고단백 식이가 케톤증을 유발하지 않는 수
준에서도 사망률 증가와 연관성이 있을 수 있다고 설명했다. 그러면 고지
방식이는 어떨까? 사실 지방 섭취에서 지방의 총량보다는 그 종류가 더 연
관성이 있다고 알려져 있다. 앞에서 언급했듯이 트랜스지방 섭취는 가능한
줄이고 포화지방은 과도하게 섭취하는 일을 피해야 한다. 하지만 전체 지
방 섭취량 역시 질병과 연관성이 있을까? 고지방 식이는 보통 고열량 식이
와 연관이 있고 반드시 그런 것은 아니지만, 미국 등 서구 국가에서는 패스
트푸드 및 육류 섭취량 증가와 연관성이 있다. 따라서 비만과의 연관성이
알려져 있다.

　　2012년 영국 의학 저널[BMJ]에 발표된 메타 분석에 의하면 미국, 유럽 등에
서 진행된 역학 및 임상 연구에서는 체중 감소를 위해 저지방 식이를 권장
했다. 성인과 소아 모두에서 전체 에너지에서 지방 비율을 줄이는 것이 체
중 감소와 연관이 있었기 때문이다. 짧게는 6개월, 길게는 8년 정도 진행된
33개 역학 및 10개 실험 연구에서 저지방 식이는 임상적으로 분명한 체중

감량과 연관이 있었다.(14) (앞장에서 본 연구와 헷갈릴 수 있는데, 비만 환자에서 열량 제한식을 하는 경우 지방의 비율이 체중 감소와 연관이 없다는 내용이었다. 이 연구는 다양한 인구 집단을 대상으로 열량 대신 지방과의 관계를 본 것이다)

하지만 앞장에서 설명했던 바와 같이 서구와 우리의 식생활은 상당한 차이가 있으므로 이 결과를 보고 저지방 식이를 결심할 필요는 없다. 왜냐하면 이 연구에서 지방 섭취 비율이 28~43%에 달하기 때문이다. 지방 28%는 한국인 기준으로 가장 기름지게 먹는 편에 속한다. 더구나 동물성 지방이나 포화지방 섭취가 높은 서구에서의 연구 결과다. 이 연구 결과는 지방 권장 섭취 기준을 15~30% 정도로(WHO/FAO 기준) 하는 것이 타당하다는 것을 지지할 순 있어도 평범한 한국인이 지금보다 더 저지방 식이를 해야 하는 이유를 설명할 순 없다.

한국인에서 적절한 지방 섭취를 참고할 좋은 연구는 일본에서 진행된 연구일 것이다. 물론 완전히 동일하진 않지만 우리와 비슷한 탄수화물 중심 식이 문화를 가지고 있기 때문이다. 앞서 소개했던 JACC 연구에서 지방 섭취와 사망률의 연관성은 크지 않았지만, 여성에서 대략 28% 정도가 가장 낮은 사망률과 연관성이 있는 것으로 조사되었다. 흥미로운 것은 이 연구에서 포화지방과 사망률 증가는 관찰되지 않았다는 것이다. 그리고 남성 사망률 역시 총지방 섭취와 연관이 없었다.(15)

반면 일본에서 진행된 다른 역학 연구에서는 미묘하게 다른 연구 결과가 나왔다. 다카야마Takayama 지역에서 28,356명의 지역 주민들 대상으로 16년간 사망률을 추적 조사한 연구로 4,616명의 사망 케이스를 분석했다. 이 연구에서는 남성에서 높은 총지방 섭취 및 불포화지방 섭취가 낮은 사망률과 연관성이 있는 반면 여성에서는 관련이 없었다. 반면 높은 포화지방 섭취

는 여성에서 22% 정도 높은 사망률과 연관이 있었다.(16)

두 연구 결과는 일본인에서 지방 섭취를 20% 후반대까지 늘리는 것이 좋을 수 있다는 내용을 시사하고 있지만, 결과는 남녀는 물론 연구 간에도 일관되지 않았다. 이는 다시 한번 영양설문을 이용한 조사의 어려움을 보여줌과 동시에 일본인에서 총지방 섭취와 사망률이 아주 큰 연관성이 있지 않다는 걸 보여준다. 강한 상관성이 있다면 연구에서 필연적으로 생기는 오차를 극복하고 비슷한 결과를 보여줄 것이기 때문이다. 다만 이 연구에서 총지방 섭취를 전체 열량의 30%까지 늘리는 것은 최소한 사망률 증가와 연관이 없었으며 두 연구 결과를 종합하면 잠재적 이득이 있을 가능성을 보여주고 있다.

한국인과 비슷한 식습관을 가진 일본인에서 지방 섭취를 늘리는 것이 유리한지는 더 연구가 필요하기는 하지만, 적어도 지방 섭취를 30% 가깝게 늘려도 사망 위험성이 증가하지 않거나 약간 줄어드는 것 같다. 그리고 앞에서 설명했듯이 생선이나 견과류에서 섭취한 지방은 낮은 사망률과 연관이 있어 보인다. 따라서 평소에 지방 섭취가 적은 한국인이라면 체중 증가를 일으키지 않는 선에서 이런 음식을 통해서 조금 지방섭취를 늘리는 것도 좋을 것 같다. 가공식품이나 적색육을 통한 과도한 지방 섭취는 비만의 원인이 될 수 있을뿐 아니라 포화지방을 상당량 포함하고 있으므로 주의하자.

참고로 한국인 성인의 1일 평균 에너지 섭취량은 2,086kcal이며 (2013년 국민 건강 영양조사) 탄수화물은 65.3%, 지방 21.2%, 단백질 14.7%인데, 2008-2012년 조사와 비교해도 탄수화물 섭취가 조금 줄어든 것을 알 수 있다. 대신 지방과 단백질 섭취가 높아지는 것은 식생활이 서구화되는 것과 연관이 있다. 그럼에도 아직 서구 국가처럼 저지방식을 권유할 수준은 아니다. 다만 앞서 언급한 것처럼 개인차가 크기 때문에 평소에 가공식품이나 육류를 즐겨먹는 사람, 그리고 비만인 경우에는 지나친 지방 섭취를 피해야 할 것이다. 외국의 연구를 종합하면 30~35% 이상의 지방 섭취 비율은 적어도 건강에 유리하지 않거나 비만의 위험성이 있을 수 있다. 따라서 70% 이상 고지방 식이는 기상천외함을 넘어 위험천만한 식생활이다.

이 책을 쓸 무렵 우리나라에서 유행하는 고지방 저탄수화물 식이에 대해서 국내 5개 연관 학회(대한내분비학회, 대한당뇨병학회, 대한비만학회, 한국영양학회, 한국지질동맥경화학회)가 공동 성명을 발표했다. 이들은 고지방 저탄수화물 식이가 체중 감량 효과는 보기 어렵고 건강상의 문제를 일으킬 가능성이 크다고 지적했다(2016년 10월 26일). 동시에 탄수화물은 65%, 지방은 30% 이하로 섭취할 것을 권장했다. 아마도 이 책의 내용을 이해했다면 무슨 의미인지 금방 알아챌 것이다.

17

지방세포는 빨리 크고 오래 간다.

　　'흔들리면 지방입니다' 어떤 헬스클럽의 광고다. 앞서 이야기
했듯이 지방 조직은 동물에게는 매우 고마운 존재이지만 이제는 없어져야
할 미운 오리 새끼로 전락한지 오래다. 사실 오리는 상당히 미화된 표현이
다. 모 의료 광고에는 지방 조직을 의인화 시킨 캐릭터가 등장한다. 그리고
귀여운 외모와는 달리 없애야만 하는데 절대 떨어지지 않는 거머리 같은
존재로 등장한다. 그런데 지방과의 싸움을 벌이기 전에 우리는 얼마나 지
방 조직에 대해서 잘 알고 있을까? 대부분의 사람들이 지방이 있는 세포라
는 것 이외에 아무것도 아는 게 없다.

　　지방세포adiptocyte는 크게 두 가지 종류로 나눌 수 있다. 거대한 지방을 담
고 있는 백색지방 세포조직white fat cell이 우리가 흔히 이야기하는 지방세포
로 지방을 보관하는 것을 목표로 한다. 그런데 두 번째 지방세포인 갈색지
방 세포brown fat cell는 반대의 기능을 한다. 즉 에너지를 보관하는 것이 아니
라 지방을 원료로 열을 생산하는 기능을 한다. 갈색지방 조직은 겨울잠을
자는 포유류나 혹은 신생아에 많다. 모두 움직이지 않으면서 열을 생산해

야 하기 때문에 갈색지방을 필요로 한다. 그러나 성인이 되면 몸에 있는 근육과 조직에서 충분한 열이 생성되므로 갈색지방 세포는 거의 필요하지 않게 된다. 따라서 성인의 경우 대부분의 지방조직이 백색지방이다.

정상 성인의 경우 백색지방 조직이 차지하는 비중은 남자에서 20%, 여자에서 25%까지로 상당히 크다. 날씬한 여성도 상당량의 지방을 지니고 있는데, 이는 지방세포가 단순히 흔들리는 뱃살이 아니라는 사실을 말해준다. 만약 필요 없다면 이렇게 많은 지방을 가지고 있을 이유가 없기 때문이다. 지방 조직은 중성지방 형태로 에너지를 보존해서 우리가 에너지를 구하기 힘든 상황에서도 굶어 죽지 않도록 한다. 그런 만큼 사실 인간을 포함한 많은 생명체에서 지방 조직의 중요성은 이루 말할 수 없이 크다.

백색지방 세포(이하 지방세포라고 하면 백색지방을 의미한다)는 본래 작은 크기의 세포이지만, 몸에 반고체 상태의 지방 덩어리를 크게 축적해서 본래 지름의 10배까지 커질 수 있다. 엄청나게 커진 지방세포는 보통 동물세포 지름의 10배인 0.1mm까지 커진다. 그런데 부피는 길이의 세제곱에 비례한다. 따라서 지방세포는 본래보다 1,000배나 커지는 것이다. 따라서 현미경으로 그 모습을 보면 보통 투명한 지방 덕분에 거품 모양처럼 보인다.

지방세포의 놀라운 점은 바로 그럼에도 불구하고 생각보다 엄청나게 빠르게 증식해서 더 많은 지방을 담을 수 있다는 점

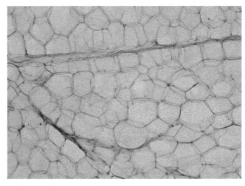

지방 세포의 현미경 사진

이다. 그리고 그것이 쉽게 살이 빠지지 않는 이유 가운데 하나다. 최근 저널 네이처 셀 바이올로지Nautre Cell Biology에는 지방세포가 얼마나 빠르게 증식할 수 있는지에 대한 흥미로운 연구가 실렸다. 예일 대학의 매튜 로드헤퍼 Matthew Rodeheffer 교수가 이끄는 연구팀은 쥐를 이용한 동물모델에서 지방 전구세포adipocyte precursors cell가 얼마나 빠르게 증식하는지를 연구했다. 보통 지방세포의 증식은 다른 조직과 마찬가지로 다 자란 세포가 분열하는 것이 아니라 아직 자라지 않은 지방 세포인 지방 전구세포가 분열해서 새로운 세포로 분화하는 과정이다. 연구팀에 의하면 이 세포의 분화는 고지방식이를 시작한지 불과 24시간 만에 시작되었다.(17) 우리가 기름진 음식을 너무 빨리 먹어서 지방을 저장할 공간이 부족할까봐 걱정할 이유가 없는 셈이다. 기존의 지방세포에서 모자란 부분은 아주 신속하게 새로운 지방세포가 채워준다.

더 재미있는 사실은 이 지방세포가 수명은 아주 길다는 것이다. 모든 생물과 마찬가지로 세포에도 수명이 있다. 일반적으로 다세포 동물 세포의 수명은 그 개체보다 짧다. 사람 적혈구의 경우 수명이 대략 120일 정도다. 그런데 지방세포는 1년에 10%만 새로운 세포로 교체된다. 즉, 10년은 살아남는 셈이다. 따라서 살을 빼더라도 지방세포는 지방만 잃었지 대부분 사라지지 않고 남아 있다가 다시 기회가 되면 지방을 축적해서 이전처럼 다시 커지려고 한다. 그래서 우리의 희망과는 반대로 살은 쉽게 빠지지 않는다. 설령 지방흡입술을 한다고 해도 이전과 같은 식생활 습관을 유지하면 지방이 다시 돌아오는데 필요한 시간은 생각보다 길지 않다. 먹은 지방은 98% 흡수되며 남는 지방은 아주 정직하게 지방세포에 축적되고 누가 훔쳐가지 않는다.

하지만 덕분에 우리 인류의 조상은 여러 차례 굶주림의 위기를 이기고 살아남아 우리 같은 후손을 남긴 것이다. 다만 이제 우리는 지방과의 새로운 전쟁을 벌이고 있다.

18
폭발하는 비만 인구

  아직도 굶주리는 사람이 많은 지구촌에서 역설적으로 비만은 심각한 국제 문제가 되고 있다. 본래 비만과 과체중이 심각한 문제가 되었던 국가들은 미국 같은 서구 국가들이지만, 최근에는 중국을 비롯한 신흥국 역시 여기에서 자유롭지 못하다. 2013년 의학저널 란셋^{Lancet}에는 이 문제의 심각성을 보여주는 연구 결과가 실렸다.(18) 미국의 워싱턴 대학의 엠마뉴엘라 가키도우 교수$^{Emmanuela\ Gakidou}$가 이끄는 국제 연구팀은 여러 나라의 비만 추세와 현황을 조사해서 보고했다.

  이에 따르면 체질량지수^{BMI} 25 이상을 과체중, 30 이상을 비만으로 볼 때, 1980년과 2013년 사이 비만과 과체중은 성인에서 28%, 아동에서 47%까지 증가했다. 그리고 1980년에는 BMI 25 이상인 인구의 수가 8억 5700만 명에 달했던데 비해 2013년에는 무려 21억 명까지 증가했다. 이런 폭발적인 증가는 중국, 브라질, 인도, 러시아, 이집트 등 신흥국에서 경제 성장과 더불어 비만 인구가 증가함과 동시에 유럽과 미국 역시 이에 뒤질세라 비만 인구가 증가했기 때문이다. 흥미롭게도 지난 30년 간 가장 빠르게 비만 인구가 증가한 국가에는 의외의 국가도 많이 포함되어 있다. 여성에서는 이집트, 사우디아라비아, 오만, 온두라스, 바레인이 가장 빠르게 비만 인구가 증가한 국가였으며 남성에서는 뉴질랜드, 바레인, 쿠웨이트, 사우디아라비아, 미국이 가장 빠르게 비만 인구가 증가한 국가였는데, 이는 비만이 미국 등 일부 국가의 문제가 아니라는 사실과 이제 많은 신흥국에서도 기아가 아닌 비만이 문제가 되고 있다는 사실을 여실히 드러내고 있다.

특히 비만 대국 미국의 문제는 더 심각하다. 과체중을 제외하고도 이미 전체 성인 인구의 1/3이 비만이기 때문이다. 하지만 영국도 이미 성인 인구의 1/4 이상이 비만이며 호주 역시 30%가 비만으로 조사되는 등 비만은 어느 한 국가만의 문제가 아닌 상황이다. 그런데 이들 가운데 미국의 고민은 미국인들이 더 뚱뚱해지기를 멈추지 않는다는 데 있다. 미 질병통제예방센터 CDC는 역학 조사를 통해서 2011-2014년 사이 미국인의 평균 체중이 1988-1994년 사이 조사했을 때보다 15파운드(6.8kg) 증가했다고 발표했다. 그리고 현재도 그 추세는 멈추지 않고 있다. 이만하면 왜 앞서 본 것처럼 미국에서 이상한 식이 요법이 발전했는지를 알 수 있을 것 같다.

미국을 비롯한 서구 국가에서 체중이 증가하는 이유는 간단하다. 이전보다 많이 먹고 육체 활동은 줄었기 때문이다. 에너지 보존 법칙을 고려하면 당연한 결과다. 첨가당과 지방이 많은 음식 – 대표적으로 콜라 같은 가당 음료, 스낵류와 감자튀김을 비롯한 튀긴 음식, 과자류와 도넛, 피자, 치킨 등 – 이 범람하다 보니 필요한 것보다 더 많은 열량을 섭취하는 경우가 매우 흔해졌다. 하지만 점차 육체노동은 줄어들면서 과거에 비해 운동량이 부족한 경우가 늘고 있다. 솔직히 운동의 중요성을 인지해도 바쁜 현대인들은 적당한 시간을 내기 어려운 실정이다.

한국인의 경우 아직 미국인이나 서구 국가 대비 꽤 날씬한 편이다. 하지만 이전 연구에서 아시아인이 낮은 BMI에서도 당뇨나 심혈관 질환의 위험도가 증가한다는 보고가 있어 2003년 아시아 가이드라인에서는 BMI 25 이상부터 비만, 23 이상도 과체중으로 정의했다. 이후 이 숫자가 너무 낮다는 비판이 있어왔으나 아무튼 현재까지 한국에서는 이 기준을 사용하고 있다. 따라서 한국인이 미국인보다 평균 BMI가 낮음에도 비만 유병률은 그다지 낮지 않은 편이다. 1998년부터 2011년까지 국민건강 영양조사를 분석한 결과에 따르면 1998년에 26.9%인 성인 비만 유병률은 2011년에는 32%까지 증가했다.(19) 다만 이는 서구 기준으로는 비만이 아니라 비만과 과체중 인구를 포함한 것이다. 아무튼 한국의 비만 유병률도 증가하고 있어 이로 인한 문제가 서서히 부각되고 있다.

사실 비만해도 건강하기만 한다면 큰 문제는 없을 것이다. 실제로 종종 비만한데도 오래 장수하는 경우를 볼 수 있다. 하지만 확률적으로 비만하면 고혈압, 당뇨, 대사 증후군 가능성이 높아지며, 심근 경색이나 뇌졸중 같은 심각한 질환의 가능성이 높아진다. 결국 비만하면 빨리 죽을 가능성이 커진다.

맥길 대학의 스티븐 그루버 교수Steven Grover가 이끄는 연구팀은 2003년에서 2010년 사이 미국에서 행해진 국가 건강 및 영양 조사National Health and Nutrition Examination Survey를 토대로 체중과 수명의 관계를 조사했다. 그 결과 연구팀은 고도비만(BMI 35이상)인 경우 기대 수명이 8년 정도 감소하고 비만(BMI 30 이상)인 경우 6년, 과체중(BMI 25 이상)인 경우라도 3년 정도 감소한다고 발표했다.(20) 물론 이외에도 많은 연구에서 비만은 수명을 줄이고 질병 유병율을 높이는 위험인자로 나타났다.

아마 필자를 포함해서 비만이 나쁜지 몰라서 살을 빼지 못하는 사람은 많지 않을 것이다. 잘 알고 있지만, 생각처럼 살이 빠지지 않거나 혹은 다시 도로 찌는 경우가 많기 때문에 오늘도 많은 이들이 고생하는 것이다.

19

정말 물만 마셔도 살찐다?

'나는 물만 마셔도 살찐다'라고 말하는 사람이 있다. 물론 에너지 보존법칙을 고려하면 분명 잘못된 말이다. 소비하는 열량보다 섭취하는 열량이 더 많으니까 지방의 형태로 막대한 에너지가 보존된 것이 정답이다. 물은 열량이 없다. 하지만 비만에 취약한 유전적 형질이 존재할 가능성은 있다. 현대에 와서 운동량이 부족해지고 고열량 음식이 많아진 것은 모두에게 공통되는 이야기다. 하지만 왜 우리 중 일부만 비만이 될까?

비만의 발병 기전을 연구하는 과학자들에게 이는 매우 중요한 질문이다. 물론 모든 연구자가 비만의 발생에 있어서 주변 환경이나 생활 습관이 큰 영향을 미친다는 사실을 부정하지 않는다. 20세기부터 21세기에 이르러 비만이 폭발적으로 증가하는 것은 그 사이 인류의 내분비 대사가 바뀌어서도 아니고 유전자 변형도 아닐 것이다. 분명 우리가 이전보다 더 먹고 덜 움직인 것이 중요한 원인이다. 하지만 분명 쉽게 비만이 되는 인구 집단이 존재한다. 그 기전을 연구하면 새로운 비만 치료제 개발에 도움을 줄 수 있을 뿐 아니라 비만의 고위험군을 사전에 파악해서 맞춤형 질병 예방이 가능해

질지도 모른다.

이런 이유에서 수많은 연구자들이 비만의 발병 기전을 연구하고 있다. 2015년 네이처에 실린 자이언트 연구 프로젝트GIANT research project도 그 중 하나로 쉽게 살이 찌는 유전적 배경을 밝히는 연구였다. 연구팀은 339,224명의 대상자에서 체질량 지수는 물론이고 여러 유전자 및 각종 데이터를 수집했다. 이는 비만과 연관성이 높은 유전자를 확인하기 위해서다. 이 연구 결과에서는 비만과 연관된 97개 유전자 위치(loci, 좌위)가 규명되었는데, 이 중에서 완전히 새롭게 발견된 것은 56개에 달한다. 동시에 허리-엉덩이 둘레비waist-to-hip ratio—를 결정하는 49개의 유전자 위치(33개가 이번에 새로 발견된 것)을 확인했다. 허리-엉덩이 둘레비를 측정하는 이유는 복부 비만의 정도를 측정하기 위한 것이다.(21, 22)

이 연구 결과는 비만의 발생에 유전적인 배경이 자리 잡고 있다는 가설을 지지하고 있다. 다만 아직 그 기능과 위험도의 정도가 모두 확인되지 않아서 앞으로 많은 연구가 필요하다. 더구나 비만을 결정짓는 유전자가 당연히 하나가 아니라 여러 개이기 때문에 이들의 상호 작용을 연구할 필요가 있다. 예를 들어 식욕을 촉진하는 유전자와 단맛을 선호하게 하는 유전자는 비만과 연관성이 있을 것이다. 하지만 이것 하나만으로 비만이 되는 것이 아니다. 다른 여러 유전자가 반대의 작용을 한다면 비만이 쉽게 생기지 않을 것이기 때문이다. 예를 들어 음식 섭취량이 많아도 키가 크는 유전자를 같이 가지고 있다면 상대적으로 비만의 위험도는 줄어들 것이다. 또 에너지를 많이 사용하는 쪽으로 유전자가 작용해도 쉽게 살이 찌지 않는 체질이 된다.

동시에 유전자뿐만 아니라 이 유전적 기질과 사회 문화적 배경의 상호작

용도 중요하다. 예를 들어 기름진 음식을 선호하는 유전자를 지니고 있다고 해도 한국에서 태어났다면 미국에서 태어난 것보다 덜 기름지게 먹을 가능성이 있다. 선호하는 음식은 유전적 배경 이상으로 그 사람이 성장한 문화 사회적 배경이 중요하다.

물론 지금까지의 이야기가 개인의 노력과 무관하게 유전적, 환경적 요인 때문에 운명적으로 살이 찐다는 이야기는 아니다. 에너지 보존 법칙에 따라서 누구나 적게 먹고 많이 운동해서 살을 뺄 수 있는 기회는 있다. 다만 한번 살이 찌면 그게 이론처럼 쉽지 않다는 게 문제다.

20

뚱뚱해지는 숨은 이유,
렙틴 저항성

　　일단 비만이 되면 살을 빼는 일은 매우 어렵다. 그런데 앞서 이야기한 지방 세포의 뛰어난 증식 능력과 오랜 생존 기간이 유일한 원인은 아니다. 여기에는 사실 다른 기전이 존재한다. 최근 비만이 폭발적으로 증가한 것 자체는 고열량 식이와 운동 부족이 주된 이유라는 점에 이견이 없지만, 많은 과학자들은 모든 사람이 같은 수준으로 비만해지지 않은 데는 이유가 있을 것이라고 보고 있다.

　비만의 기전과 관련해서 크게 주목받은 물질이 바로 앞에서도 언급한 렙틴leptin이다. 렙틴은 식욕에 관련된 호르몬으로 최근에는 언론을 통해서도 많은 보도가 이뤄졌기 때문에 낯설지 않은 독자들이 있을 것 같다. 렙틴은 날씬하다는 뜻의 라틴어 렙토스leptos에 나온 단어로 포만감 호르몬satiety hormone이라고 부르는 물질이다. 그 기능은 이름에서 쉽게 짐작이 된다. 뇌가 포만감을 느끼도록 만들어서 식욕을 억제하는 것이 그 역할이다. 이 물질은 쥐를 이용한 동물실험에서 큰 주목을 받았다. 렙틴이 없는 실험쥐는 예외 없이 비만이 되었고 반대로 렙틴을 투여하면 다시 비만이 치료되었기

렙틴을 생산하지 못해 비만이 된 쥐와 정상 쥐.
Public domain 이미지

때문이다.

　동시에 렙틴과 반대작용을 하는 그렐린ghrelin을 비롯한 식욕을 조절하는데 영향을 주는 여러 물질이 발견되었다. 물론 과학자들이 이를 연구한 이유는 부작용 없는 비만 치료제를 만들기 위해서이다. 사실 비만 환자들은 거의 예외 없이 필요로 하는 것보다 더 많은 열량을 섭취하는 사람이다. 그런데 이를 단지 개인의 식욕 혹은 식탐으로 돌리기에는 뭔가 이상한 부분이 있다.

　우리 몸의 식욕 조절 기전이 정상이라면 충분히 먹은 상태에서는 더 이상 배고픔을 느끼지 않을 것이다. 그러면 알아서 식욕과 체중이 조절되어야 정상이 아닐까? 물론 야생 상태에서는 언제 굶게 될지 모르므로 비상 상태에 대비해서 살을 좀 찌워야 하는 이유가 있다. 하지만 그래도 부족하지 않게 충분히 먹는 상태에서는 식욕이 조절될 법도 한데, 그렇지 않고 계속 먹는 이유는 무엇일까?

　과학자들은 그 이유 중 하나가 바로 렙틴 저항성Leptin-resistance에 있다고 보고 있다. 당뇨에서도 인슐린 저항성을 볼 수 있는데, 이는 인슐린 분비가 줄어든 것이 아님에도 불구하고 인슐린에 대한 저항성이 생겨 반응을 하지 않는 경우다. 렙틴 역시 중추신경계에 존재하는 시상하부의 포만중추가 최종 목표지만, 렙틴 저항성이 생기면 이 과정이 약해진다. 결과적으로 충분히 먹었는데도 식욕이 억제되지 않는다. 불행히 아직 렙틴 저항성을 치료할 방법은 없지만 연구가 계속되면 이를 이용한 비만 치료제 개발이 가능할지 모른다. 앞으로 좋은 소식을 기대한다.

21

살 빼는 약. 정말 있을까?

　　시중에는 살을 뺄 수 있다는 온갖 다이어트 비법과 더불어 기적의 비만 치료제들이 심심치 않게 나와 있다. 그러면 정말 효과가 있을까? 지난 수십 년 간 별의 별 다이어트 비법이 나왔지만 비만 인구가 폭발적으로 증가했다는 사실로 답변을 대신할 수 있을 것 같다. 그렇게 쉽고 간편한 다이어트 방법이 있다면 이렇게 많은 비만 환자가 존재한다는 것이 말이 되지 않는다. 하지만 반대로 여러 가지 검증되지 않은 민간요법이나 다이어트 비방을 판매하는 업자들에게는 매우 좋은 사업 아이템 가운데 하나다. 왜냐하면 절대 고객이 줄어들지 않기 때문이다. 실제로 살이 쉽게 빠지면 역설적으로 비만 환자가 줄어 장사가 안 될 텐데, 다행히(?) 그런 일은 벌어지지 않는다.

　　결국 비만을 치료하려면 덜 먹고 몸을 더 쓰는 수밖에 없다. 하지만 이 과정을 돕는 치료법 개발은 의료기기나 다이어트용품 판매업자만의 일은 아니다. 워낙 의학적으로 심각한 문제다 보니 많은 의사와 과학자들이 이 문제를 해결하기 위해서 여러 치료 방법을 개발했다. 이 가운데는 수술적인 치료도 존재한다. 많이 먹지 못하게 음식이 들어가는 경로를 조이기도 하고 위를 일부 절제하기도 하고 풍선을 위 안에 설치하기까지 한다. 물론 이런 수술 치료는 상당한 대가를 수반한다.

아마도 필자를 포함해서 간단히 약만 먹으면 살이 빠졌으면 하는 소망을 가진 비만 환자는 적지 않을 것이다. 제약 회사들도 비만 치료제의 엄청난 시장 잠재력을 알고 있다. 이미 전 세계 인구의 상당수가 비만이거나 과체중이고 이 수치는 앞으로 더 늘어날 것으로 전망되고 있다. 수십 억 고객이 예상되는 블루오션에 제약회사들이 관심이 없다면 그게 더 놀라운 일이다. 당연히 주요 제약회사들이 비만 치료제 개발에 뛰어든 상태임과 동시에 약품도 판매되고 있다.

그런데 건강식품이나 다이어트용품과는 달리 의약품은 그 효능과 안전성을 입증하지 못하면 판매가 허가되지 못한다. 엉터리 약으로 환자는 물론 의료진까지 골탕 먹이면 안 되기 때문이다. 따라서 시중에는 다이어트에 좋은 기적의 식품에서 건강 보조제, 운동 기구가 넘치지만 실제 비만 치료 목적으로 허가 받은 약물은 지금 이 책을 쓰는 시점에서는 몇 가지에 불과하다.

사실 효과가 검증된 비만 치료제의 등장은 의외로 최근의 일이다. 1997년 미국 FDA가 승인한 시부트라민Sibutramine이 그 첫 번째 타자다. 이 약물은 3개월 이상 사용이 가능한 치료 약제로 승인 받았다. 그 이후 1999년에 올리스타트Orlistat가 허가를 받았으며 2006년에는 영국을 비롯한 유럽 국가에서 리모나반트Rimonabant가 승인 받았다.

그런데 리모나반트는 2009년 자살을 유발하는 부작용이 발견 되어 시장에서 퇴출되었고 시부트라민은 '심혈관질환 고위험환자의 장기 사용에 대한 연구^{SCOUT}'라는 연구에서 심근경색과 뇌경색의 위험도 증가가 발견되어 2010년 제조사에서 자진 철수를 선언했다. 오랜 세월 장기간 처방해도 심각한 부작용이 없었던 약물은 올리스타트로 제약회사인 로슈^{Roche}에서 제니칼^{Xenical}이라는 상품명과 글락소스미스클라인^{GlaxoSmithKline}에서 알리^{Alli}라는 상품명으로 출시했다.

• 올리스타트

이 약물의 기전은 간단하다. 지방을 분해하는 효소인 췌장 리파이제에 대한 억제제다. 쉽게 말해 이 약물(보통 120mg을 식전에 섭취한다)을 먹으면 중성지방이 지방산으로 분해되어 흡수되는 것을 방해하기 때문에 지방흡수를 못해서 열량 섭취가 줄어든다. 열량이 많은 기름진 음식을 먹어도 중성지방 섭취가 안 되니 살이 빠지는 것이다. 이런 획기적인 기전 덕분에 이 약물은 3개월 이상의 장기간 사용에서 의미 있게 체중을 감량시켰다. 그래서 올리스타트는 비만 치료제 가운데 가장 많이 처방된 약물임과 동시에 가장 오래 사용되고 있다.

하지만 그 대가 역시 만만치 않다. 가장 큰 부작용은 지방이 흡수가 안되므로 복부 불편감과 더불어 지방이 대변과 함께 나온다는 점이다. 사람에 따라 다르기는 하지만 지방변은 꽤 불편함을 감수해야 하는 부작용이다. 물론 그런 부작용을 감수하더라도 장기간 빠지는 체중은 많지 않아서 단독 약물 요법으로 비만을 치료하기는 어렵다.

• 아드레날린성 약제

이 약물들은 중추신경계에서 카테콜라민 분비를 증가시키는 기전

을 가지고 있는데, 디에칠푸로피온
diethylpropion, 벤즈헤타민benzhetamine, 펜디
메트라진phendimetrazine, 마진돌mazindol, 펜
터민phentermine 등이 여기에 해당된다. 이
약물들은 단기간의 식사/운동/행동 교
정 비만 치료에 보조제로 사용했다. 식
욕 억제를 하는 것이 주된 기전인데, 올
리스타트처럼 장기간 효과가 입증되지
않았을 뿐 아니라 더 중요한 문제는 두
통, 수면장애, 초초, 불안, 빈맥, 고혈압
등 부작용이 적지 않게 발생한다.

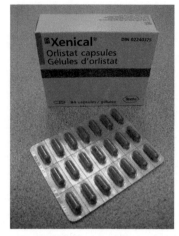

제니칼(올리스타트) 제제

• 세로토닌 자극제

2012년 FDA에서 세로토닌 수용체 5-HT2C의 선택적 작용제인 로카세
린Lorcaserine을 새로운 비만 치료제로 승인했다. 이 약물은 시상하부에 위치
한 5-HT2C 수용체를 활성화시켜 proopiomelanocortinPOMC을 거쳐 포만
중추를 자극한다. 결국 식욕을 줄여 체중 감소에 도움을 준다. 현재 벨빅
Belviq이라는 상품명으로 판매 중이다. 임상 시험결과 단독 요법으로 사용했
을 경우 상대적으로 경미한 부작용으로 장기간 사용이 가능하며 의미 있게
체중을 감소시키는 것으로 나타났다. 따라서 체질량지수 30 이상 혹은 27
이상인데 다른 합병증(당뇨 등)이 있는 경우 치료제로 승인되어 있다. 물론
다른 비만 치료제와 마찬가지로 단독으로 사용해서 정상 체중에 이를 만
큼 강력한 효과를 지니고 있지는 않다. 현재 같은 계열 약물인 바비카세린

Vabicaserin SCA-136이 개발 중이다.

• 복합제제: 큐시미아와 콘트라브

큐시미아Qsymia는 팬터민과 토피라마이트topiramate 복합제제다. 이렇게 두 가지 약물을 섞은 이유는 효과는 배가시키고 부작용은 줄이기 위해서다. 이 약물 역시 2012년 FDA에서 승인을 받았으며 로카세린과 같은 적용증에 사용할 수 있다. 다만 팬터민이 포함된 만큼 여기에 따른 부작용이 있을 수 있다. 심혈관계 질환, 인지 장애, 정신 질환 시 신중하게 사용해야 한다.

2014년에 승인 받은 다른 복합제제가 콘트라브Contrave다. 이 약물은 부프로피온Bupropion과 날트렉손naltrexone으로 기전은 조금 다르지만 역시 식욕억제를 일으키는 중추신경 작용제다.

• GLP-1 수용체 자극제

리라글루타이드(Liraglutide, 상품명 Victoza/Saxenda)는 가장 최근에 승인 받은 약물이다. 이 약물은 본래 당뇨 치료제로 개발되어 2010년에 승인을 받았는데, 사용 중에 체중 감량효과가 있다는 사실이 밝혀져 다시 2015년에 비만 치료제로 승인을 받았다. 리라글루타이드가 기대되는 부분은 비만한 당뇨환자에서 두 가지 문제를 동시에 치료할 수 있다는 점이다. 저혈당 문제가 적다는 것도 장점이다. 기전은 역시 식욕억제다. 앞으로 효능 및 부작용에 대한 연구가 더 필요한 약물이기도 하다. 다만 알약이 아니라 주사제라서 당뇨환자가 아닌 일반인에서 널리 사용되기는 어려워 보인다.

여기까지 비만 치료제로 승인 받은 약물에 대한 설명이다. 이렇게 장황

하게 설명한 이유는 간단하다. 약만 먹어서 쉽게 살을 뺄 수 없다는 사실을 설명하기 위해서다. 기적의 다이어트 약이나 음식은 없다. 만약 있다면 위에 있는 약물을 모두 퇴출시키고 이미 엄청난 시장 규모를 지닌 비만 치료제 시장을 차지할 것이다.

물론 지금도 시장 가능성이 매우 큰 비만 치료제 시장에서 성공하기 위해 새로운 약물들이 개발되고 있지만, 이중에 단독 요법으로 비만 환자를 정상 체중으로 만들 만한 것은 없다. 비만의 발생 기전을 생각하면 역시 이런 일은 생각하기 힘들 것이다. 결국 적당히 먹고 충분히 에너지를 쓰는 것이 비만 치료의 기본이 되어야 한다. 아무리 해도 치료되지 않는 고도 비만의 경우 득실을 잘 따져서 수술적 치료까지 고려해야 하지만, 아무리 좋은 수술 치료라도 부작용이 0%가 될 수 없기 때문에 심각한 비만이 되기 전에 적절한 식생활과 운동으로 건강을 지키는 것이 중요하다. 한 번 살이 찌면 빼기가 쉽지 않으며 설령 체중 감량에 성공했다고 해도 다시 비만이 되는 요요 현상에서 자유로울 수 없다.

22

결론

이번 장에서는 우리가 섭취하는 지질에 대한 내용은 물론 비만에 대한 이야기까지 다뤘다. 이 장을 충분히 이해한 독자라면 이제 식품 영양정보에서 왜 지방/포화지방/트랜스지방/콜레스테롤을 따로 표시하는지 이해할 수 있을 것이다. 지방은 필수적인 에너지원이기는 하지만, 그 열량이 탄수화물이나 단백질의 두 배에 달하므로 과량 섭취를 가능한 피해야 한다. 튀김류는 즐길 만큼 적당히 먹고 주식으로 삼아서는 안 된다. 기름기가 많은 삼겹살도 회식과 함께 가끔 먹어주면 오히려 매일 먹는 것보다 만족감이 더 클 것이다.

오메가−3 지방산은 오메가−6 지방산과 1:4에서 1:10 정도 비율로 먹으면 좋지만 실제로 이렇게 계산해서 먹는 경우는 드물 것이다. 대개는 오메가−3 지방산 섭취가 부족하므로 생선을 일주일에 1−2회 정도 먹든지 아니면 들기름을 종종 먹으면 도움이 될 것이다. 견과류도 좋은 지방 공급원이지만, 지방을 과다 섭취하면 비만의 위험성이 커지므로 적당한 수준으로 먹자. 시중에서 파는 오메가−3 건강 보조제는 건강한 사람이 먹었을 때 심혈관 질환을 비롯한 여러 질환을 예방할 수 있는 효과가 입증되지 않았다.

트랜스지방은 무조건 적게 먹으면 좋지만, 자연계에 미량 존재하는 트랜스지방을 모두 제거하는 일은 현실적으로 가능하지도 않고 도움이 된다는 증거도 없으므로 그냥 먹어도 무방하다. 최근 인공 트랜스지방의 주된 섭취 경로인 부분경화유가 퇴출 단계에 있고 실제로 많은 식품회사에서 이를 빼고 음식을 제조하므로 과거처럼 대량의 트랜스지방을 섭취하게 될 위험성은 크게 줄었다.

포화지방은 약간 논란이 있기는 하지만 과량 섭취 시 심혈관 질환의 위험도가 커지며 적게 섭취해서 문제가 되는 경우가 보고된 바 없으므로 하루 열량의 7% 미만으로 섭취하도록 권장한다. 평균적인 한국인이라면 대부분 이보다 적게 섭취하지만, 개인차가 있으므로 포화지방이 많은 음식을 자주 먹지 않도록 주의하자.

마지막으로 비만은 결국 적게 먹고 운동을 하는 것이 현재까지 가장 좋은 방법이다. 그리고 가급적이면 비만이 되지 않도록 유지하는 것이 중요하다. 기적의 비만 치료제나 운동 기구는 없으니 헛된 꿈을 버리고 돈과 시간을 낭비하지 말기를 권장한다. 쉽게 치료되지 않는 비만의 경우 약물치료 및 수술적 요법을 고려할 수 있으나 득실을 신중히 따져서 결정해야 한다.

PART
3

단백질,
우리 몸의 구성 물질 그리고
없어서는 안 될 영양소

Qusetion

• 고기 먹으면 암 생긴다? •

• 식물성 단백질 먹으면 더 좋을까? •

• 건강에 좋다던데… 글루텐 프리 식품 살까? •

과학으로 먹는
3대 영양소

01
들어가는 이야기

　　단백질은 몸의 기초적인 구성 요소이자, 수많은 생리 기능을 담당하고 있는 중요한 물질이다. 그리고 이 단백질을 구성하는 기초 물질은 아미노산이다. 이는 마치 포도당 같은 단순당이 탄수화물의 기초 구조인 것과 비슷하다. 다만 탄수화물은 비교적 단순한 종류의 당이 엮여서 만들어진다면 단백질은 20가지 종류의 아미노산이 서로 순서대로 배열되어 생성되므로 매우 복잡한 구조를 지닐 수 있다. 아미노산은 그 자체로 생명의 알파벳이라고 할 수 있다. 우리가 수십 개의 모음과 자음으로 온갖 글을 쓸 수 있는 것처럼 생명체도 아미노산을 바탕으로 온갖 구조의 단백질을 만들 수 있다. 아미노산의 배열을 어떻게 할지는 DNA와 RNA에 기록되어 있다. 모든 생명체의 유전정보는 유전자에 기록되어 있으며 이 유전정보를 바탕으로 아미노산을 배열해 단백질을 만들면 이것이 우리가 키가 작을지 클지, 그리고 머리색이 검은색일지 노란색일지를 결정하는 것이다. 그래서 단백질의 기능을 이해하는 것은 생명 현상을 이해하는 데 중요하다.

　이 중요한 단백질을 우리는 몸에서 스스로 만들어내기도 하고 음식의 형태로 섭취하기도 한다. 이 책에서 물론 주로 다룰 내용은 음식의 형태로 섭취하는 단백질에 대한 이야기다. 아미노산의 구조와 기능은 복잡한 만큼 몇 가지만 간략히 설명하고 넘어갈 것이다. 그 밖에 우리가 반드시 먹어야 하는 필수 아미노산에 대한 이야기도 언급할 것이다.

최근 붉은 고기가 Group 2A 발암물질로 지정되고 소시지나 햄 같은 가공육이 Group 1 발암물질로 지정되어 큰 충격을 안겨준 바 있다. 이 장에서는 고기 및 가공육 섭취가 건강에 미치는 영향에 대한 이야기를 하게 될 것이다. 단백질이라고 하면 보통은 고기부터 생각하지만, 사실 우리가 먹는 단백질 가운데는 식물성 단백질도 같이 존재한다. 이 중에서 이상하게 대중적인 인기를 끈 글루텐에 대한 이야기도 빠질 수 없다. 글루텐이 문제를 일으키는 사람은 다행히 극소수에 불과하지만, 근거를 알 수 없는 사이비 과학이 대중의 불안 심리를 자극하고 있기 때문이다. 그리고 콩밥의 장점에 대해서 다시 언급할 것이다.

02

아미노산

아미노산은 탄소, 수소, 산소, 질소로 구성된다. 물론 이 원자들을 아무렇게나 연결시킨다고 아미노산이 되는 것은 아니다. 아미노산의 기본 구조는 알파 탄소에 아미노기-NH2와 카르복실기-COOH가 결합한 구조다. 이 책은 생화학 교과서가 아니므로 기본적인 구조를 이해할 수 있는 간단한 예시만 들었다.

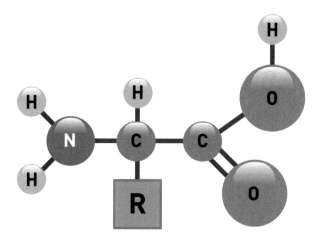

그림 • 알파 아미노산의 기본 구조

아미노기와 카르복실기가 탄소에 결합하면 남는 결합부위는 한 개 뿐이다. 여기에 결합하는 곁가지(R이라고 부른다)가 무엇이냐에 따라서 아미노산의 성질이 달라지는 것이다. 예를 들어 중성/산성/염기성 아미노산으로 나뉘기도 하고 방향족이나 곁가지 아미노산으로 나눌 수도 있다. 참고로 이 구조에서 살짝 벗어난 아미노산이 프롤린으로 이 아미노산은 아미노기를 고리에 포함한 구조를 지니고 있다.

이 책에서는 우리가 먹는 단백질이라는 주제로 이야기를 진행하는 만큼 아미노산에 대해서는 복잡한 분류가 필요 없고 필수 아미노산에 대해서만 이야기하면 될 것 같다. 필수 아미노산이란 우리 몸에서 합성이 되지 않거나 혹은 합성이 되더라도 필요한 만큼 되지 않아 반드시 외부에서 섭취가 필요한 아미노산을 의미한다. 반면 탄소, 수소, 산소, 질소 같은 원료만 충분하면 우리 몸에서 충분히 합성되면 비필수 아미노산이 된다.

- 필수 아미노산: 발린, 류신, 이소류신, 라이신, 메티오닌, 페닐알라닌, 트레오닌, 트립토판, 히스티딘
- 비필수 아미노산: 알라닌, 아르기닌, 아스파라긴, 아스파르트산, 시스테인, 글루탐산, 글루타민, 글라이신, 프롤린, 세린, 티로신

그런데 평소에는 비필수 아미노산이다가 특수한 경우에는 필수 아미노산이 되는 경우가 있다. 이런 아미노산은 조건적 필수 아미노산이라고 부르며 아르기닌, 시스테인, 글루타민, 티로신이 여기에 해당된다. 물론 필수든 아니든 사실 모든 아미노산이 우리 몸에서 필요하다. 필수와 비필수를 나누는 것은 인체 내에서의 중요도가 아니라 외부에서 섭취를 해야 하는지

여부다. 그런데 생명활동에 꼭 필요한 아미노산인데, 왜 일부만 합성이 가능한 것일까? 아마도 그 이유는 필수지방산과 같을 것이다. 음식을 통해서도 충분히 섭취가 가능하다 보니 우리 몸에서 굳이 따로 합성하지 않게 된 것이다. 자연 상태에서 잡식을 하던 인류는 아마도 특정 아미노산 결핍에 빠지는 일이 드물었을 것이다. 이는 먹을 게 풍족한 현대인도 마찬가지다. 하지만 정상적인 식사가 아니라 한두 가지 음식에 편중된 식사를 하다 보면 필수 아미노산 부족으로 인한 심각한 문제가 발생할 수 있다.

아미노산은 그 구조가 당과 다르지만 연결되는 방식은 유사하다. 펩티드

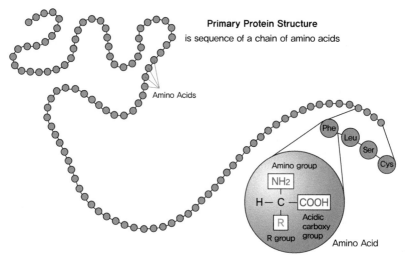

펩티드 결합

Primary Protein Structure
is sequence of a chain of amino acids

Amino Acids

Phe
Leu
Ser
Cys

Amino group
NH2
H — C — COOH
R
Acidic
carboxy
group
R group
Amino Acid

긴 사슬 모양의 단백질의 1차 구조

결합(펩타이드 결합, peptide bond)는 아미노기 한 개와 카르복실기 하나가 만나서 물이 빠지는 반응으로 형성된다. 마치 한쪽은 볼록하고 반대쪽은 오목해서 서로 결합이 가능한 레고블록처럼 아미노산은 길게 연결할 수 있다.

그런데 이렇게 길게 결합하기만 하면 어떻게 복잡한 입체구조를 지녀서 여러 가지 작용을 할 수 있을지 의문이 생긴다. 비결은 직선 모양인 단백질이 다양하게 접혀서 복잡한 3차원 구조물을 만드는 데 있다. 그리고 단순한 단백질이 모여 더 복잡한 단백질을 구성할 수 있다. 이것이 수만 가지 단백질이 존재할 수 있는 비결이다.

참고로 사람에는 20가지 종류의 아미노산이 단백질을 만드는 데 사용되며 진핵생물에서는 21종, 전체 생물종에는 23종이 아미노산이 단백질을 만드는 데 사용된다. 그런데 사실 아미노산은 자연계에 500종은 존재할 수 있다. 이중에서 소수의 아미노산만이 단백질을 만드는 것이다. 특히 광학 이성질체인 단백질 가운데서는 D형과 L형 중 L형만이 지구 생명체를 만드는 데 사용된다. 왜 그렇게 되었는지는 알기 어렵지만, 모든 생물이 거의 비슷한 종류의 아미노산을 기반으로 단백질을 만든다는 것은 이들의 공통 조상이 사실 하나라는 사실을 시사한다. 마치 ATP가 모든 생물에서 에너지의 기본 단위가 되고 DNA와 RNA가 유전물질로 공통으로 사용되는 것과 같다.

03

단백질의 기능은?

　　단백질의 기능이라고 하면 해당 분야를 전공하지 않은 경우 대개 '우리 몸을 구성하는 필수 요소'에서 끝날 것이다. 여기서 좀 더 구체적으로 이야기하면 우리 몸을 구성하는 여러 물질이 단백질로 되어 있다. 예를 들어 지금은 화장품 광고에서 더 쉽게 접할 수 있는 콜라겐Collagen이 우리 몸의 대표적인 단백질이다. 세 개의 폴리펩티드 사슬을 꼬아서 단단하게 만든 콜라겐은 구조물을 지탱하는 시멘트 같은 역할을 한다. 그래서 포유동물의 뼈와 피부에 풍부할 뿐 아니라 연골, 장기의 막, 머리카락에도 풍부한 물질이다. 역시 화장품과 샴푸 등에 존재하는(?) 케라틴Keratin도 우리 몸을 구성하는 데 중요한 단백질이다. 케라틴이라고 하면 쉽게 와 닿지 않겠지만, 다른 이름인 각질이라고 하면 단단한 조직이라는 느낌이 올 것이다. 실제로 피부, 모발, 손톱의 주요 단백질로 뿔이 있는 동물에서는 뿔의 주요 구성 성분이다. 케라틴과 콜라겐은 모두 우리 몸을 지탱하는 구조 단백질이면서 매우 흔한 단백질로 생각보다 다양한 기능을 수행한다. 물론 우리 몸의 구조를 담당하는 단백질이 케라틴과 콜라겐만 있는 것은 아

임팔라의 뿔. 동물의 뿔은 종에 따라 차이가 있지만, 보통 뼈와 케라틴 같은 단백질로 구성된다.

니다. 화장품과 샴푸 광고로 친숙한 엘라스틴elastin은 조직에 탄성을 부여하는 탄성 섬유로 경단백질에 속한다. 그리고 그 외에 많은 구조 단백질이 존재한다.

흔히 하는 오해 가운데 하나는 우리 몸의 세포가 다른 세포와 직접 연결된 벽돌이라는 생각이다. 세포 사이에는 아무 공간도 없는 것 같다. 하지만 그것은 잘못된 이야기다. 벽돌을 쌓아둔다고 벽이나 건물이 되지 않는다. 시멘트를 이용해서 벽돌을 서로 붙여야 하고 전기 배선이나 문과 창문의 위치 등도 생각해서 쌓아야 제 기능을 하는 건물이 된다. 세포와 세포 사이에도 세포외기질extracelluar matrix이라는 공간이 있으며 다양한 단백질이 세포를 고정시키고 세포의 기능을 유지하는데 도움을 준다. 이렇게 우리 몸을 구성하는데 있어 단백질의 존재는 절대적이다. 물론 세포 밖에만 단백질이 있는 것이 아니다. 앞서 지질에서 설명했듯이 인지질과 단백질은 세포막을 구성하는 주요 성분으로 세포의 생명 현상을 유지시키는 핵심적인 기능을 수행한다. 세포 안에 있는 다양한 효소와 단백질 역시 마찬가지다. 일부 단백질은 호르몬으로서의 기능도 한다. 대표적으로 인슐린이 있다. 사람 인슐린은 21개의 아미노산으로 된 A사슬과 30개의 아미노산으로 된 B사슬로 구성된 단백질이다.

피 속에도 여러 가지 형태의 단백질이 존재한다. 대표적으로 알부민, 면역 글로블린, 피브로노겐 등이 있다. 이 중에서 알부민은 여러 가지 물질을 운반함과 동시에 삼투압 유지에 핵심적인 기능을 수행한다. 혈액 가운데 액체 성분인 혈장은 압력에 의해 혈관에서 빠져나와 조직으로 이동한다. 그런데 이를 상쇄할 방법이 없으면 피 속에서 물이 계속해서 조직으로 이동하여 몸이 퉁퉁 붓게 될 것이다. 혈장 단백질인 알부민은 삼투압을 이용해 다시 물을 피 속으로 끌어들이는 역할을 한다. 알부민은 간에서 합성되기 때문에 간 기능이 떨어진 간경변 환자는 알부민 부족으로 인해 몸이 쉽게 붓고 복수(ascites, 배 안에 물이 차는 것)가 생긴다.

흔히 면역에 좋다는 여러 가지 건강식품 광고를 접하지만, 사실 면역 기능이 정상적으로 작용하기 위해서는 실체를 알 수 없는 건강식품이 아니라 면역 글로불린immunoglobulin 같은 면역 물질을 만드는 데 필요한 아미노산 공급이 충분이 이뤄져야 한다. 면역 글로불린이란 세균 같은 외부의 이물질을 식별하고 공격하는 역할을 담당하는 항체 기능을 하는 물질로 당단백질의 일종이다. 사람이 기아 상태에 빠지면 면역 또한 약해지는데 이는 항체 생산이 잘 안 되기 때문이다. 실제로 기근이 덮친 후 전염병이 돌아서 수많은 사람이 죽었다는 역사 기록을 볼 수 있는데, 의학적으로도 꽤 타당한 이야기다. 사실 이런 일은 요즘에도 볼 수 있다. 최근 결핵에 걸리는 사람 중에는 젊은 여성들이 더러 있다. 그 원인 가운데 하나는 마른 체형을 선호하는 사회적 분위기로 무리하게 다이어트를 하거나 저체중인 상태로 몸을 유지하기 때문이다. 결국 영양 상태가 나쁘다 보니 결핵 같은 전염성 질환에 대한 면역력이 약해진다. 면역력을 정상으로 유지하기 위해서는 몸에 좋다는 음식이나 건강 보조 식품보다는 양질의 단백질을 공급받는 것이 우선이다.

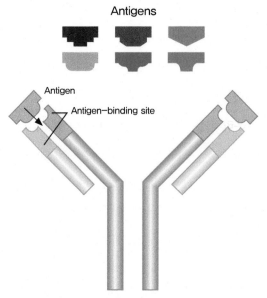

Antigens

Antigen

Antigen-binding site

Y자 모양으로 생긴 항체 역시 단백질이다

아미노산의 흥미로운 기능 가운데 하나는 산 염기 평형을 맞추는 역할이다. 사람의 경우 혈액 속의 pH는 7.35~7.45라는 매우 좁은 범위에서 안정하게 조절이 된다. 흔한 오해 가운데 하나는 사람의 pH가 음식 등에 의해서 쉽게 변한다는 것이다. 하지만 우리 몸의 여러 반응은 정해진 pH에서 일어나도록 되어 있기 때문에 pH 수준은 아주 안정하게 유지된다. 옷을 갈아입듯이 산성 체질이나 알칼리성 체질이 될 수 없다는 것이다. 솔직히 이런 이야기를 하는 사람들은 산과 염기 기본적인 정의를 알고서 이야기를 하는 것인지 의문이 든다.

인체에서 pH를 일정한 수준으로 유지시키는 기전은 매우 여러 가지인데, 여기서는 아미노산에 대해서만 이야기하자. 아미노산은 양쪽성 이온(amphoteric ion, 혹은 zwitterion 이라고 한다)의 작용을 할 수 있다. 왜냐하면 염기성 성질을 지닌 아미노기와 산성 성질을 지닌 카르복실기를 모두 가지고 있기 때문이다. 따라서 몸이 산성 조건으로 이동하면 수소이온을 받아들이고 반대로 염기성 조건으로 이동하면 수소이온을 방출해 pH를 가능한 일정하게 유지시킨다. 따라서 우리 몸이 쉽게 목표 pH에서 벗어나지 않게 조절한다. 동시에 우리가 고기를 아무리 많이 먹어도 몸이 산성화되지 못한다. 아미노산은 많을수록 pH를 더 안정하게 만들어 주기 때문이다.

단백질의 기능에 대해서 계속 이야기하면 사실 이번 장을 다 채울 수 있다. 하지만 우리가 이야기하고자 하는 핵심이 이것은 아니기 때문에 여기까지만 이야기하고 다음으로 넘어가자.

04

꼭 먹어야 하는 아미노산

필수 아미노산에 대한 이야기는 한번쯤 들어봤을 것이다. 이 아미노산은 우리가 음식으로 반드시 섭취해야 한다. 다행히 현재 우리나라에서는 영양 결핍은 물론 단백질 결핍에 빠진 경우는 드물다. 물론 무리하게 다이어트를 하거나 식사량이 매우 적은 환자나 일부 노인은 예외다. 의외로 이런 경우도 드물지 않아서 충분한 영양 보충이 필요한 경우가 있다.

그런데 사실 정상인이라도 하루에 식사로 섭취하는 단백질만으로는 충분한 아미노산 공급이 어렵다. 우리 몸에 필요한 아미노산의 대부분은 기존에 있던 단백질을 분해해서 공급한다. 다양한 이유로 단백질이 분해되어 다시 원료 상태인 아미노산으로 돌아가는데, 이는 매우 합리적인 아미노산 재활용이라고 할 수 있다. 단백질이 필요할 때마다 새로운 아미노산을 사용하는 것보다 필요 없게 된 단백질에서 분해된 아미노산이 다시 재활용되는 것이 당연하다. 그런데 이렇게 모든 아미노산이 다 재활용되면 새로운 아미노산을 섭취할 필요가 없지 않은가 하는 의문이 생길 수 있다.

하지만 인체의 대사과정은 그보다 더 복잡한 계산이 필요하다. 우리가 먹는 음식 속에는 많은 양의 단백질이 포함되어 있다. 이를 사용하지 않는 것은 사실 큰 낭비라고 할 수 있다. 자연의 냉혹한 생존 법칙은 이런 낭비를 허락하지 않는다. 우리가 먹는 음식 속의 단백질은 유리 아미노산과 작은 펩타이드 분자로 소화된 후 소장에서 흡수되어 다양한 단백질 생산에 쓰이거나 혹은 에너지원으로도 활용된다. 일부는 지방과 마찬가지로 포도당 합성에 사용되어 혈당을 유지하는 데 쓰인다. 참고로 단백질 자체는 탄수화물보다 더 많은 에너지를 낼 수 있지만, 흡수 및 대사에 사용되는 에너지 때문에 무게당 열량은 사실 탄수화물과 비슷하게 1g당 4kcal이다.

에너지와 포도당 생성 등에 사용되는 아미노산이 소모되는 아미노산의 전부는 아니다. 소량은 단백뇨의 형태로 소변으로 빠져나가고 일부는 대변의 형태로 빠져나가기도 한다. 단백질의 흡수율은 평균 92% 정도로 동물성 단백질은 97%, 식물성 단백질은 78~85% 정도다. 일부 소화되지 않은 단백질과 소화효소 등으로 분비되는 양까지 합치면 소량의 단백질이 대변에 들어있는 것은 크게 문제될 일이 아니다. 다만 단백뇨의 경우 너무 많다면 이는 콩팥에 문제가 생겼다는 의미로 해석되기 때문에 보통 더 크게 문제로 삼는다. 물론 운동이나 감염증에 의한 일시적 단백뇨나 기립성 단백뇨 등 다른 원인도 많으니 단백뇨를 진단받은 경우 너무 걱정하지 말고 진료를 받아보면 된다. 마지막으로 몸에서 떨어지는 각질이나 머리카락의 형태로 단백질이 소모된다.

아무튼 이렇게 소모되는 아미노산을 보충하기 위해서는 체내에서 일부는 생산을 하거나 혹은 음식물의 형태로 섭취해야 한다. 수소, 탄소, 산소는 흔하게 체내에 존재하기 때문에 단백질 평형에서 중요하게 보는 것은 바로 질소평형(nitrogen equilibrium, 질소균형과 혼동되는 경우도 있는데, 질소균형이 0인 상태를 질소평형이라고 한다)이다. 질소평형은 체내 질소의 양이 일정하게 유지되는 상황을 의미한다. 물론 정상 상태라도 성장기나 임신, 혹은 운동을 통해서 근육이 커지는 경우는 당연히 질소의 양이 늘어날 수 있다. 반대로 의도적으로 체중을 감량하거나, 기아 상태, 심한 염증 상태 등에서는 양이 감소한다. 일반적으로 정상적인 성인의 경우 질소평형을 유지할 수 있는 수준으로 단백질을 섭취할 필요가 있다. 이는 대략 0.73g/kg/일에 해당되는 양이다. 여기에 여러 가지 변수(보통 1.25를 곱해 0.91g/kg를 권장량으로 한다)를 곱하거나 더해 단백질의 1일 섭취 기준을 결정한다. 대략적으로 정상 성인에서 하루 권장섭취량은 성인 남성은 60~65g 정도이고 성인 여성은 50~55g 정도이다. 물론 체중과 연령, 그리고 여러 가지 영양 상태에 따라 달라질 수 있는 만큼 평균적인 권장량이라고 보면 된다.

그런데 앞서 설명했듯이 아미노산은 양뿐만이 아니라 종류 역시 중요하다. 우리가 반드시 음식을 통해 섭취해야 하는 필수 아미노산이 존재하기 때문이다. 전체 아미노산 섭취나 열량 섭취는 충분해도 필수 아미노산 섭취가 부족하면 질병 상태에 빠지게 된다. 따라서 이런 필수 아미노산을 충분히 갖추고 있는지에 따라서 단백질의 질을 평가한다. 이 책은 영양학 교과서가 아니므로 구체적인 지표를 산출하는 방식 등에 대해서 복잡하게 이야기할 필요가 없을 것 같지만, 다시 한번 골고루 먹는 식습관의 장점을 설명할 수 있을 것 같다.

일반적으로 동물성 단백질은 흡수도 잘되고 우리가 필요로 하는 모든 아미노산을 다 갖춘 양질의 단백질 공급원이다. 하지만 채식 위주인 한국인의 경우 한두 가지가 빠진 단백질 공급을 받을 수도 있다. 물론 요즘은 100% 채식만 하는 경우도 필수 아미노산 부족에 빠지는 경우는 많지 않다.

다양한 곡류와 콩류를 섭취해서 해결이 가능하기 때문이다. 예를 들어 콩밥을 먹으면 쌀이 콩에 부족한 메티오닌을 공급하고 콩은 쌀에 부족한 라이신을 공급해서 두 필수 아미노산 결핍을 막아준다. 이를 단백질의 상호보완이라고 하는데, 콩밥이 좋은 이유를 여기서도 다시 찾을 수 있다. 사실 흰 쌀밥만 먹는 것은 여러 가지 면에서 손해 보는 장사다. 물론 콩밥이 싫을 수도 있는데, 이런 경우 두부 등과 같이 먹으면 같은 상호 보완 효과를 누릴 수 있다.

동시에 우유나 달걀을 포함해서 동물성 단백질을 공급받는 것도 양질의 단백질을 섭취할 수 있는 좋은 방법이다. 물론 열량이 높은 고기를 많이 섭취할 경우 비만의 가능성이 높아질 뿐 아니라 포화지방 과다섭취의 위험성이 있기 때문에 적당한 수준에서 조절할 필요는 있지만, 고기를 전혀 먹지 않는 것이 더 우월한 식생활이라는 과학적 증거는 없다. 상식적으로 생각해 봐도 인간이 고기를 먹을 수 있다는 것 자체가 인간이 고기를 먹을 수 있도록 진화과정을 거쳤다는 이야기다. 우리 몸은 육식도 충분히 받아들일 수 있다.

2015년 한국인 영양소 섭취 기준에서는 "대표적인 단백질 급원식품 중에서 필수 아미노산이 충분히 함유되어 있는 완전단백질의 급원식품은 동물성 육류(소고기, 돼지고기, 닭고기), 생선, 달걀, 우유 및 유제품(치즈, 요거트) 등이 있다. 곡류, 견과류, 대두 등은 일부 필수아미노산이 양적으로 부족한 부분적 완전단백질 급원식품이므로, 필수 아미노산의 부족을 예방하기 위해 완전단백질 급원식품과 함께 섭취할 것을 권장한다"라고 명시했다. 물론 여러 곡류와 콩류, 기타 식물성 단백질 및 유제품으로 대부분 섭취가 가능하긴 하지만, 동물성 단백질을 섭취하는 것이 더 안전하고 분명한 균형 식단이 될 것이다.

한국인의 경우 국민건강영양조사 결과에 따르면 하루 73.7g 정도를 평균적으로 섭취하고 있으며 단백질 섭취의 2/3가 동물성 단백질인 서구 국가와는 달리 절반 정도가 식물성 단백질로 구성되어 있다. 이중에서 육류에서 섭취하는 양은 21.3g이고 어패류는 9.4g 정도로 나타났다. 곡류에서 섭취하는 양도 20.3g으로 무시할 수 없을 만큼 큰데, 채식 위주의 식단의 영향일 것이다. 아무튼 평균적인 한국인은 권장량보다 더 많은 단백질을 섭취하고 있으며 상대적으로 육류에서 섭취하는 양이 적은 편이라서 단백질 섭취 부족이나 과도한 육류 섭취에 의한 문제점은 크게 걱정할 필요가 없을 것이다. 다만 평균치라는 것은 항상 개인적인 차이를 수반하기 마련이다. 고기를 너무 좋아하는 경우나 반대로 전혀 먹지 않는 경우 균형 잡힌 식사에서 그만큼 멀어지므로 단백질 섭취 역시 불균형적일 가능성이 커진다. 또 첨가당에서와 마찬가지로 소아에서 동물성 단백질 섭취량이 다소 높은 편이어서 앞으로 식생활이 서구화됨에 따라 문제가 생길 가능성은 배제할 수 없다.

05
단백질이 부족하거나 많으면 생기는 일

단백질이 부족한 상태에서는 콰시오커kwashiorkor와 마라스무스marasmus라는 영양 결핍성 질환이 생긴다. 이 둘을 합쳐 단백질 에너지 영양불량PEM, protein energy malnutrition 상태라고 부른다. 콰시오커는 열량은 부족하지 않으나 단백질이 부족해지는 경우고 마라스무스는 전반적인 기아 상태로 전체 열량과 단백질 섭취 모두 부족한 상황이다.

콰시오커는 '단백 결핍성 소아영양 실조증'이라고 부르기도 하는데, 가나어에서 유래된 단어다. 그 뜻은 '둘째가 태어날 때 큰아이가 걸리는 병'이라는 의미로 단백질이 부족한 이유식이 원인이다. 첫째 아이를 키우고 난 후 보통 1~2년 간격으로 두 번째 아이를 얻게 되는데, 이때 큰아이는 단백질이 부족한 죽을 주게 된다. 그러면 전체 열량은 부족하지 않으나 단백질이 부족한 상태가 되는 것이다(물론 어려서 단백질 흡수 능력이 떨어지는 것도 이유다). 단백질이 부족한 상태에서 가장 두드러지게 나타나는 증상은 바로 부종이다. 앞서 설명했듯이 삼투압을 유지하는데 알부민 같은 단백질이 중요한 역할을 하기 때문이다. 뼈가 앙상한 어린 아이가 배에 복수가 차고 다리가 붓는 것이 콰시오커의 전형적인 증상이다. 물론 성장이 저하되는 것은 물론 피부의 변화와 빈혈 등 단백질 부족으로 인한 여러 가지 증상이 같이 나타난다. 눈으로 바로 보이는 것은 아니지만, 면역력 저하는 피할 수 없는 결과다. 결국 전염병에 취약해져 쉽게 감염되거나 사망한다. 콰시오커에서 배가 나오는 이유는 간이 커지는 간 비대증과도 관련이 있다. 왜냐하면 지방을 이동시키기 위해서도 단백질(앞서 설명한 지단백질을 떠올리자)이 필요한데, 단백질 부족으로 제대로 생성이 안 되기 때문이다. 결국 간에 지방이 쌓이면서 간이 커지는데, 당연히 간에도 손상이 온다. 단백질 부족은 신체 전체에 악영향을 끼친다.

보통 콰시오커는 곡물밖에는 먹을 것 없는 저개발국가에서 잘 발생하는데, 우유를 비롯한 다른 고단백 식이를 제공하는 것으로 쉽게 예방할 수 있다. 사실 인류가 목축업을 시작하면서 우유가 매우 훌륭한 단백질 공급

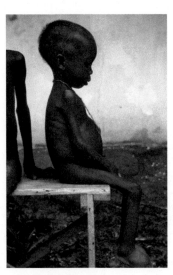

콰시오커에 걸린 어린 아이.
출처: 미국 질병관리센터

원이라는 사실을 금방 발견했을 것이다. 따라서 목축업을 하는 많은 문화권에서 쉽게 우유나 혹은 다양한 유제품을 만들어서 먹어왔다. 특히 마땅히 먹을 이유식이 없는 상황에서 우유는 콰시오커를 방지하고 아이를 건강하게 키울 수 있는 귀중한 식품이었을 것이다. 오늘날에는 물론 그것 이외에도 먹을 게 많아졌지만 여전히 우유는 좋은 식품이다.

마라스무스는 '소모한다'라는 뜻을 가진 그리스어에서 유래된 것으로 단백질

은 물론 에너지 전체가 부족한 기아 상태에서 잘 생긴다. '영양성 소모증'이라고도 부른다. 마라스무스 상태에서 우리 몸은 지방과 단백질 모두를 사용해서 에너지를 만든다. 결과적으로 심각한 체조직 소모 상태가 되어 쇠약해진다. 흔히 뼈만 앙상한 기아 사진을 본다면 이해가 빠를 것이다. 전체적으로 잘 먹지 못한 상태인데다 간비대가 없어서 배가 나오거나 부종은 심하지 않은 상태가 많다. 오히려 탈수와 같이 겹쳐져 매우 마른 상태가 된다. 이렇게 단백질 단독 부족과 전체 열량 부족과 겹쳐진 단백질 부족 모두 생명을 위협하는 문제가 될 수 있다.

그러면 반대로 단백질 과잉 상태도 문제가 될 수 있을까? 앞서 본 탄수화물과 지방 역시 그랬지만, 과유불급이라는 이야기는 어김없이 단백질에도 적용된다. 다만 단백질의 경우 식물성과 동물성 단백질이 미치는 영향이 다르다고 알려져 있다. 이중에서 식물성 단백질만 단독으로 과량 섭취는 사실 어렵기도 하지만, 이런 경우에 생기는 문제에 대해서는 특별히 보고가 없다. 반대로 많은 연구들이 동물성 단백질을 지나치게 섭취할 경우 생기는 위험성에 대해서 경고하고 있는데, 앞서 언급했듯이 한국인의 경우 고기를 아주 좋아하는 경우를 제외하고 평균적으로 동물성 단백질 과잉 섭취 위험성은 적은 편이다. 따라서 동물성 단백질 및 지방 섭취와 질병과의 연구는 우리나라보다는 서구 국가에서 많이 진행됐다. 서구에서 진행된 여러 연구 결과를 종합하면 동물성 단백질 과잉 섭취는 비만, 당뇨, 심혈관질환, 암과 연관성이 있는 것으로 보인다.(1-4) 동물성 단백질이 건강에 미치는 영향에 대해서는 조금 뒤 자세히 다룰 예정이다. 그에 앞서 전체 단백질 섭취양을 제한할 필요가 있는지를 알아보자.

현재 가이드라인에서는 단백질 섭취량은 필수 및 권장 섭취량만 있고 상한 섭취량은 제한하지 않고 있다. 몇몇 연구들이 하루 2.0g/kg 이상의 단백질 섭취가 신장 기능에 문제를 일으킬 수 있음을 지적했지만, 일관된 연구 결과가 나오지 않아서 아직까지는 제한할 근거가 없다.(5-6) 앞서 복잡한 이야기를 피하기 위해서 아미노산 대사에 대해선 언급하지 않았지만, 아미노산은 탈아미노반응을 거쳐 아미노기-NH2와 탄소골격으로 분해된다. 탄소골격 부분은 에너지로 활용되고 아미노기는 버리는 부분이라고 할 수 있다. 문제는 아미노기가 유독한 암모니아로 쉽게 변환된다는 것이다. 따라서 인체는 이를 무해한 요소로 바꾸는 요소회로를 가지고 있다. 이 변환은 간에서 이뤄지지만 배설은 신장에서 이뤄진다. 단백질 섭취가 많으면 결국 간과 신장이 일을 더해야 한다. 하지만 현재까지 이것 때문에 정상인에서 단백질 섭취를 제한할 상한선을 설정할 근거는 분명치 않다(물론 여기서는 분량상 다루지 않지만, 간과 콩팥 질환이 있는 경우는 예외가 될 수 있다).

참고로 단백질의 권장 섭취량은 앞서 설명한 바 있지만 열량으로는 전체 열량의 7~20% 정도로 정하고 있다. 우리나라 국민의 단백질 1일 섭취량 73.7g은 총 열량의 14.7%로 기준을 만족시키고 있다.

06

동물성 단백질 섭취가
심장에 나쁘다?

앞에서도 언급했던 간호사 건강 연구의 경우 붉은 고기 섭취가 많을수록 뇌졸중과 심혈관 질환의 위험성이 커지는 것으로 나타났다.(1, 2) 동시에 동물성 단백질 섭취가 많을수록 비만 가능성이 높아진다는 연구도 보고되었는데(3) 고기가 열량이 많다는 점을 생각하면 놀라운 일은 아니다. 1장에서 설명한 다이어트 요법에 사용되는 저탄수화물 고지방 식이는 기본적으로 열량 제한식이라는 점을 상기하자. 열량을 제한하지 않고 배부를 때까지 먹는다면 당연히 열량이 높은 고기를 많이 먹으면 전체 열량 섭취는 증가한다. 그러면 비만과 당뇨는 물론 심혈관 질환의 위험도가 높아진다.

스웨덴에서 4만 명 이상의 성인 여성을 15년 간 추적 관찰한 역학 연구에서는 저탄수화물 고단백 식이가 심혈관 질환 증가와 연관성이 있음이 밝혀졌다.(7) 미국 아이오와주에서 3만 명에 가까운 성인을 대상으로 15년 간 관찰한 한 다른 역학 연구에서는 동물성 지방, 특히 붉은 고기 섭취와 심혈관 질환 사망률과의 연관성이 확인되었다.(8) 연구팀은 1,000kcal의 탄수화물을 고기 및 유제품으로 대체할 경우 심혈관 사망률이 1.4배 정도 높아지는 것으로 보고했다. 이렇게 적지 않은 역학 연구가 동물성 단백질 섭취와 심혈관 질환의 위험성을 경고하고 있지만 문제는 이것만은 아니다. 우리는 식품의 형태로 음식을 섭취하지 단백질, 지방, 탄수화물 형태로 먹는 것이 아니다. 당연히 고기를 많이 먹으면 지방도 많이 먹는다.

미심장학회AHA 홈페이지에서 이 문제를 설명한 내용을 그대로 옮겨보자.(9)

"The main problem is that often the extra protein is coming from meats high in saturated fats, which can add to elevated cholesterol levels of the LDL—or "bad"—cholesterol."

쉽게 이야기해서 고기를 먹으면 동물성 지방도 같이 먹게 된다. 그리고 동물성 지방에는 포화지방의 비중이 높다. 동물성 단백질보다 포화지방의 위험성이 더 잘 밝혀져 있으므로 당연히 미국에서는 이를 제한하도록 권장하고 있다. 동시에 미국이든 한국이든 이미 단백질은 일부 예외를 제외하면 대부분 필요한 만큼 먹고 있다. 따라서 미국 심장협회AHA에서는 우리가 필요로 하는 것보다 훨씬 많은 양의 단백질을 섭취하고 있다며 육류섭취량을 줄이도록 권장하고 있다. 그리고 육류를 선택할 때는 가능한 저지방으로 선택할 것을 권장하고 있다. 이런 가이드라인만 보면 고기를 줄이는 것이 좋은 식습관처럼 보이지만 한국인의 경우에는 그렇지 않다는 것을 나중에 설명할 것이다.

아무튼 동물성 단백질이 심혈관 질환과 연관성이 있다는 보고에도 불구하고 포화지방이나 트랜스지방과는 달리 동물성 단백질 섭취를 적극적으로 제한할 과학적인 증거는 아직 충분하지 않다. 더구나 일부 연구 결과는 동물성 단백질 혹은 적색육이 진짜 심혈관 질환과 연관이 있는지에 대해서도 의문을 제기하고 있다.(10) 어쩌면 이 연관성은 같이 먹는 포화지방, 트랜스지방, 나트륨 등 다른 요인을 충분히 통제하지 못한 것일지도 모른다.

따라서 우리를 포함해서 대부분 국가에서 영양성분 표시에는 단백질 한 가지만 표시하며 동물성 단백질을 따로 표시하지 않고 있다(물론 원재료 표시에서 별도로 돼지고기나 소고기의 함량을 같이 표시하고 있으니 동물질 단백질의 존재 여부를 파악하는 것은 어렵지 않다). 동시에 대부분의 가이드라인에서 적절한 수준으로 육류와 유제품을 섭취하도록 권장하고 있다. 구체적으로 어느 정도가 적당한지는 나라마다 조금 차이가 있을 수 있지만 미 심장 협회는 하루 3온스(85g)의 육류와 같은 양의 생선을 권장하고 있다. 이는 눈으로 봐서 컴퓨터 마우스와 비슷한 크기다.(11) 대개의 미국인은 이보다 더 많이 먹는 반면, 한국인은 이보다 적게 섭취한다.

07

붉은 고기와 가공육이
발암물질이라고?

2015년 10월 26일 세계보건기구^{WHO} 산하 국제암연구소^{IARC}가 가공육(소시지, 햄 등 포함)을 담배처럼 1군 발암물질(Group 1)로 분류하고 붉은 고기(보통은 소고기, 돼지고기를 의미하지만 넓게는 포유류의 고기를 의미)는 발암 위험물질 2A(Group 2A)로 분류했다. 이와 같은 분류는 800여 건 이상의 연구논문을 22명의 전문가가 분석한 후 내린 결론이다. 이 이야기가 뉴스를 타고 퍼지면서 소시지, 햄 같은 가공육 소비가 크게 줄어들고 일부에선 육류를 기피하는 현상이 벌어졌다. '육류=단백질'은 물론 아니지만, 아마도 이 장에서 이에 관련된 이야기를 하는 것이 가장 적절할 것 같다. 일단 원문 그대로 옮겨보겠다.(12)

"After thoroughly reviewing the accumulated scientific literature, a Working Group of 22 experts from 10 countries convened by the IARC Monographs Programme classified the consumption of red meat as probably carcinogenic to humans (Group 2A), based on limited evidence that the consumption of red meat causes cancer in humans and strong mechanistic evidence supporting a carcinogenic effect.

This association was observed mainly for colorectal cancer, but associations were also seen for pancreatic cancer and prostate cancer. Processed meat Processed meat was classified as carcinogenic to humans (Group 1), based on sufficient evidence in humans that the consumption of processed meat causes colorectal cancer. "

일단 적색육 혹은 붉은 고기red meat와 암의 연관성은 다소 제한적인 것으로 나타나 있다. 하지만 몇몇 연구에서는 대장암 등과 연관성을 시사하는 소견이 나왔다. 2013년에 나온 한 메타 분석에서는 붉은 고기 섭취가 하루 100g씩 증가하면 대장 선종(adenoma, 암은 아니지만 일부 큰 선종은 암으로 발전할 수 있다)의 가능성이 36% 증가하고 대장암 가능성은 24% 정도 증가하는 것으로 나타났다.(13) 다른 메타 분석에서도 대장 선종과 붉은 고기 섭취의 연관성이 확인되었다.(14) 일부 연구에서는 유방암과 붉은 고기 및 가공육의 연관성이 확인되었으나 다른 연구에서는 연관성이 모호하게 나타났고 (15), 전립선암과의 연관성 역시 다소 모호하게 나타났다.(16) 반면 적색육과 위암의 연관성을 보고한 연구도 있었다.(17)

적색육과 가공육은 다른 암과의 연관성도 의심받긴 했지만 주로 연관성이 의심된 것은 대장암이다. 하지만 적색육의 경우는 많은 연구에도 불구하고 일부 대규모 연구에서는 확실한 연관성을 찾을 수 없었다. 대략 45만 명의 유럽인을 대상으로 한 에픽European Prospective Investigation into Cancer and

Nutrition (EPIC) 연구에서는 적색육과 가공육이 사망률 증가와 연관성이 있다는 연구 결과가 발표되었다. 하지만 모든 측정 오차를 보정했을 때는 가공육만 분명한 연관성이 있었다. 적색육과 암 사망률의 연관성은 분명하지 않았다.(18) 흥미로운 점은 많은 연구에서 대장암과 적색육의 관계보다는 심혈관 질환의 연관성이 더 크게 나타난다는 것이다. 이것이 포화지방 때문인지 아니면 동물성 단백질과도 연관성이 있는지는 확실치 않으나 과도한 육류 섭취는 심혈관 질환의 위험성을 높인다. 사실 고기를 많이 먹을 때 걱정할 부분은 암보다는 심혈관 질환이다. 아마도 하루 평균 50~100g 이상의 적색육, 혹은 하루 평균 20~50g 이상의 가공육 섭취가 심혈관 질환 증가 및 대장암과 연관성이 있어 보이는데, 이는 한국인의 1일 섭취량을 훨씬 넘어서는 것으로 현재 단계에서 고기를 아주 좋아해서 주식처럼 먹는 편이 아니라면 너무 우려할 필요는 없다. 반면 육류섭취량이 많은 서구 국가에서는 다소 조절을 할 필요성이 제기되고 있다. 따라서 서구에서 발표된 여러 가이드라인은 가공육과 적색육을 가능한 적게 먹을 것을 권장하고 있다.

발암성 및 심혈관 질환과의 위험성에서 더 분명한 연관성을 지닌 것으로 나타난 것은 바로 가공육processed meat이다. 베이컨, 햄, 소시지 등 다양한 육가공품과 대장암의 연관성은 큰 논란의 여지없이 정리되어 있으므로 국제암연구소가 이를 1군 발암물질로 지정한 것은 별

가공육의 대명사인 소시지

로 놀라운 일이 아니다. 국제 암연구소의 공식 발표에서는 가공육을 하루 50g 먹을 때마다 대장암 위험도는 18% 정도 증가하는 것으로 되어 있다. 하지만 사실 이 정도 먹으려면 가공육이 주식의 위치에 올라가지 않고선 어려운 일이다. 쉽게 말해 우리나라에서는 일부 예외적으로 가공육을 좋아하는 사람을 빼면 위험하지 않다는 이야기다. 여기서 다시 필자의 이야기를 하자면 어릴 때부터 햄 반찬을 무척 좋아했다. 당연히 이런 식습관은 비만을 불러왔을 뿐 아니라 장기적으로 심혈관 질환의 위험도를 높이는 것이다. 성인이 되고 난 후에는 즐겨 먹지는 않지만, 지금도 종종 옛날 그 맛(?)이 그리워지곤 한다. 갑자기 뜬금없이 이런 이야기를 하는 이유는 어린 시절 식습관이 중요하다는 것을 다시 설명하기 위해서다. 가끔 먹는 가공육이야 별 문제 안 되겠지만, 습관처럼 먹는 것은 건강에 해로울 가능성이 크다. 그렇다면 어릴 때부터 적당히 먹는 습관을 들이는 게 좋다.

여기서 잠깐 가공육이 왜 나쁠까?

고온으로 가열하거나 훈제한 육류에는 다환방향족탄화수소PAH, polycyclic aromatic hydrocarbon, HCAheterocyclic amines, 벤조피렌Benzopyrene 같은 발암물질이 생성된다. 동시에 육가공품에 들어가는 니트로사민nitrosamines 같은 첨가제도 문제를 일으킬 수 있다. 아마도 이런 물질이 다량 포함되는 것이 가공육이 대장암 및 심혈관 질환과 더 강한 연관성을 가지는 이유로 생각된다.

흥미로운 사실은 PAH, HCA, 벤조피렌은 사실 바비큐나 기타 고온으로 고기를 구워 먹는 경우에도 생성된다는 것이다. 특히 숯불구이나 직화구이 방식이 더 잘 생긴다. 이는 바로 고기를 굽고 태우기 때문으로 보인다. 프라이팬에 구우면 상대적으로 덜하다. 이런 물질이 가장 덜 생성되는 조리 방법은 고기를 태울 염려가 없게 아예 삶거나 오븐에 적당히 굽는 것이다. 고기를 직화로 굽는다면 태우기 전에 먹는 것이 더 바람직하다. 실제로 이는 미국 암 학회 가이드라인에서도 설명된 내용이다.

　이런 발암 물질 때문에 고기를 먹기 싫어진다면 한 가지 더 생각해 봐야 할 점이 있다. 가공육으로 인한 대장암으로 사망하는 사람은 국제 암 연구소에 의하면 연간 34,000명 수준이다. 반면 매년 100만 명이 흡연으로 사망하고 60만 명이 알코올 과다 섭취로 사망하며, 20만 명은 대기 오염으로 사망한다는 것이 국제 암 연구소의 설명이다. 대기 오염의 경우는 약간 수치를 낮게 잡은 것 같지만, 아무튼 우리 주변의 위험 요소는 생각보다 많다. 하지만 그렇다고 담배나 술을 금지하기도 어렵다. 같은 이유로 사실 더 위험한 게 첨가당이지만 그렇다고 설탕을 금지할 수도 없는 노릇이다. 더구나 이런 이유로 고기를 적게 먹는 고탄수화물 식이를 하면 건강에 왜 안 좋은지는 앞서 설명한 대로다.

　엉뚱한 비유 같지만, 사실 음식의 선택은 주식이나 자산 투자와 비슷하다. 절대 한 바구니에 모든 달걀을 담으면 안 된다. 다양한 음식을 섭취해서 한 가지만 과량 섭취했을 때의 리스크를 분산시키는 것이 가장 바람직하다. 동시에 이 방법은 영양 결핍의 위험 역시 가장 합리적으로 해소할 수 있다. 계속 강조하지만 고리타분해 보여도 골고루 잘 먹는 것이 가장 좋은 식습관이다.

08

적색육의 발암성에
진화 생물학적 이유가 있다?

앞서 살펴봤듯이 적색육의 발암성에 대해선 아직 논란의 여지가 있다. 따라서 발암 가능성이 있는 물질로 분류되었다. 하지만 몇몇 연구들은 적색육의 발암성이 특정 물질과 연관이 있다고 주장했다. 2015년 미 국립 과학원 회보^{PNAS}에 실린 논문에서는 Neu5Gc$^{N-Glycolylneuraminic acid}$을 그 원인 물질로 지목했다. Neu5Gc는 아미노산과 당이 결합한 아미노당의 일종으로 인간을 제외한 포유류의 근육에서 흔히 발견된다. 그런데 인간에서는 어떤 이유에선지 이 물질을 만드는 CMAH 유전자의 이상으로 이 물질을 만들지 못하고 이와 유사한 물질인 Neu5Ac$^{N-acetylneuraminic acid}$을 더 많이 만든다.

그 이유를 설명하는 유력한 이론은 면역이다. Neu5Gc는 여러 병원체가 들러붙는 역할을 하는데, 사람에서는 아마도 말라리아 원충이 이 물질을 사용했던 것 같다. 그런데 300만 년 전쯤 인류의 조상에서 이 물질을 생산하는 능력이 사라졌다. 이를 통해서 말라리아 원충의 감염력을 떨어뜨린 것으로 추정된다. 하지만 말라리아 역시 같이 진화해서 이제는 이 물질 없이도 감염이 가능하다. 하지만 보통 진화는 시간을 거슬러 올라가지 않기 때문에 지금도 여전히 인간은 이 물질을 만들지 않는다. 대신 포유류의 고기를 먹을 때 이 물질에 노출된다. 염증 이론에 따르면 우리 몸이 이를 이물질로 인식해서 염증을 일으킨다고 한다. 그것이 대장에서 염증을 만들어 대장암을 유발한다는 것이다.

이 이론이 맞는지 검증하기 위해서 캘리포니아 대학의 아지트 바르키 교수Ajit Varki와 그 연구팀은 Neu5Gc을 생산하지 못하는 실험용 쥐를 만들었다. 이 쥐에게 고기를 먹인 결과 실제로 염증반응이 유도될 뿐 아니라 대조군에 비해 대장암의 발생이 5배나 증가하는 것 관찰되었다.(19) 물론 사람에서도 같은 기전이 일어나는지는 더 검증이 필요하지만, 제법 흥미로운 연구 결과다. 이 주장이 옳다면 적색육의 발암성에 그럴 만한 이유가 있는 것이기 때문이다. 하지만 앞서 설명했듯이 아직 논란이 많은 부분이라 앞으로 더 많은 연구가 필요할 것 같다.

물론 이 연구와 무관하게 태운 고기 혹은 가공육에는 여러 발암물질이 포함되어 있다. 따라서 적당히 먹는 지혜가 필요하다.

09
식물성 단백질 섭취가
더 우월하다?

　　앞서 언급한 연구 가운데는 동물성 단백질 섭취와 심혈관 혹은 암의 연관성은 발견했지만 식물성 단백질과의 연관성은 발견 못한 연구들이 있었다. 그리고 더 나아가 서로 반대의 상관관계를 보고한 연구가 존재한다. 간호사 건강연구[NHS] 및 의료전문가 추적연구[HPFS] 데이터를 다시 분석한 2016년 연구에서는 이와 같은 내용이 다시 확인되었다. 이 연구에서는 1986년부터 2012년까지 4년 간격으로 85,013명의 여성과 46,329명의 남성의 사망률과 식생활 패턴을 조사했다. 그 결과 동물성 단백질 섭취가 많을수록 사망률이 증가하는 패턴을 보였다.(20)

　　연구 대상자의 평균 동물성 단백질 섭취량은 전체 열량의 14%인 반면 식물성 단백질은 4% 정도였는데, 이는 육류 섭취량이 많은 서구 국가의 식생활 패턴을 감안하면 당연한 결과다. 연구팀은 다양한 지방(포화, 불포화, 트랜스지방) 섭취와 사망률에 영향을 줄 수 있는 비만, 흡연 등 다른 여러 요소들을 보정한 후에도 동물성 단백질 섭취와 심혈관 사망률의 연관성을 발견했다. 동물성 단백질 열량 섭취를 전체 열량의 10%씩 늘리면 사망 가능성은 1.08배가 커지는 것으로 나타났다. 예를 들어 동물질 단백질 섭취를 전체 열량 섭취의 10%에서 20%로 늘리면 심혈관 사망률이 8% 증가한다는 이야기다. 반면 식물성 단백질 섭취를 전체 열량에서 3% 증가시키면 사망 가능성은 0.9배가 되었다. 전체 사망률 변화는 더 큰 폭의 차이를 보인다. 3% 정도의 열량을 동물성에서 식물성 단백질로 대체할 경우에 가공육은 34%, 적색육은 19%, 달걀은 12% 사망률 감소를 나타냈다. 물론 이는 앞서 에픽 연구와 다소 다른 결과라고 할 수 있는데, 이렇게 대규모 역학 연구에서 서로 일치하지 않는 결과가 나오는 것은 앞서 설명한 이유 때문이다.

그런데 아무튼 대규모 역학 연구에서 이런 결과가 나왔으니 동물성 단백질, 특히 적색육 섭취를 줄여야 하지 않을까? 사실은 반대다. NHS/HPFS 연구 결과를 뜯어보면 평균적인 한국인은 지금보다 육류를 더 많이 섭취해도 무방하다. NHS/HPFS 연구에서는 동물성 단백질 섭취량에 따라서 10% 미만(중앙값 8.9%), 10-12%, 12-15%, 15-18%, 18%(중앙값 20%)의 다섯 그

다양한 대두(soybean). 콩류는 식물성 단백질의 매우 좋은 공급원이다.

룹으로 나눴다. 그런데 앞서 이야기했듯이 한국인은 본래부터 동물성 단백질 열량이 10%보다 훨씬 낮다. 단백질 전체가 14.7%인데, 동물성 단백질은 절반 수준에 불과하니(그것도 적색육과 가공육 비중은 더 낮다) 얼마나 낮은지 알 수 있다.

더구나 이 연구에서 10% 미만 그룹과 10-12% 그룹은 통계적으로 사망률 차이가 없었다. 그보다 높은 그룹도 경계에 놓여 있을 뿐이다. 18% 이상 그룹만 확실한 차이

를 보였는데, 이는 10%보다 약간 넘게 동물성 단백질을 섭취해도 사실 사망률 증가를 걱정하지 않아도 된다는 것을 의미한다. 그러니 평소에 고기를 주식으로 삼는 서구식 식생활을 하는 게 아니라면 평균적인 한국인이 육류 섭취를 줄여야 할 이유는 찾기 어려운 셈이다. 이 연구들이 시사하는 것은 과도한 육류 섭취는 나쁠지도 모른다는 것이지 고기를 먹지 말아야 한다는 것이 아니다.

마지막으로 음식으로써 섭취하는 영양소의 중요성을 다시 이야기하고 싶다. 우리는 탄수화물/지방/단백질을 개별적으로 섭취하는 것이 아니라 음식으로 섭취한다. 따라서 정말 중요한 것은 3대 영양소의 섭취 비율을 계산하는 것이 아니라 고기, 생선, 유제품, 달걀, 곡류, 콩류 등 다양한 음식을 적당히 먹어서 충분한 단백질과 각종 영양소를 균형 있게 섭취하는 것이다.

10

글루텐 프리 식품.
먹으면 좋을까?

　　단백질하면 우선 고기부터 생각나지만, 당연하게도 식물 역시 단백질을 지니고 있다. 단백질이 생명활동에 필수적인 요소라는 점을 생각하면 매우 당연한 이야기다. 밀과 그와 근연 관계에 있는 식물 - 보리, 호밀, 귀리 등 - 에는 글루텐gluten이라고 부르는 단백질이 있다. 흔히 하나의 단백질로 오해하지만 실제로는 밀가루 성분 중 탄성과 접착력을 제공하는 몇 가지 단백질을 통칭하는 것이다. 더욱이 곡물의 종류에 따라서 다소 차이가 있다. 밀가루에 들어 있는 글루텐은 크게 두 가지 성분으로 50~70% 에틸알코올에 녹는 성분인 글리아딘Gliadin과 녹지 않는 글루테닌Glutenin으로 나눌 수 있다.

　글리아딘 역시 알파, 베타, 감마, 오메가로 더 세분할 수 있는데, 알파와 베타는 낮은 농도에 알코올에 잘 녹고 오메가는 높은 농도의 알코올에 잘 녹는다. 셀리악 병에 원인이 되는 것은 알파/베타/감마다. 글리아딘은 밀가루 반죽의 접착성과 끈기를 부여하는 성분이다. 글루테닌은 여러 개의 유닛으로 구성되는데, 고분자 물질HMW, High molecular mass 및 저분자 물질LMW,

Low molecular mas 몇 개로 구성된 약간 복잡한 단백질이다. 글루테닌이 많으면 밀가루 반죽이 단단해진다. 따라서 글루텐 함량은 물론이고 글리아딘과 글루테닌의 비율에 따라서 밀가루의 특성이 달라진다. 필자는 밀가루 요리를 해본 적은 없고 먹기만 해서 잘 모르지만, 글루텐은 빵의 부풀어 오르는 성질이나 찰기, 그리고 면발의 특징을 결정하는 중요한 성분이라고 한다. 따라서 글루텐 함량에 따라서 밀가루가 박력

밀가루로 만든 다양한 요리. 대부분의 한국인은 글루텐 때문에 피할 필요가 없다.

분, 중력분, 강력분으로 나눠지면 각각의 용도도 조금씩 다르다.

아무튼 글루텐과 질병의 관계가 주목을 받게 된 것은 셀리악 병Celiac disease 때문이다. 과거에는 비열대성 스푸루Celiac sprue라고도 불렸는데 열대성 스푸루tropical sprue란 다른 질환과 비슷한 증상을 보이기 때문이다. 최근에는 글루텐 과민성 장염gluten-sensitive enteropathy이라는 좀 더 현대적인 이름도 얻었다. 셀리악 병의 가장 흔한 증상은 글루텐이 포함된 음식을 먹었을 때 생기는 설사와 복부 불편감, 복통이다. 증상이 심하고 반복적으로 나타날 경우 체중 감소와 쇠약감, 빈혈 등을 동반할 수 있다.

이런 일이 생기는 이유는 글리아딘 같은 프롤라민(prolamin, 식물에서 단백질을 저장하는 역할을 한다)이 일부 사람에서 면역반응을 유발하기 때문이다. 프롤라민은 알코올에만 용해되는 프롤린Proline이나 글루타민Glutamine 같은 아미노산이 풍부하며 장내에서는 단백질 소화효소에 쉽게 분해되지 않는 특성을 가지고 있다. 따라서 이런 단백질은 맛을 좋게 할지는 몰라도 영양

학적으로 가치가 높지 않다. 앞서 동물성 단백질이 소화 흡수율이 더 높다고 설명했는데, 양질의 단백질은 역시 소화가 잘되는 고기가 최고다. 우리는 다양한 프롤라민을 먹는데 다행히 소화가 잘 안 되는 것 빼고는 그다지 해가 없다. 하지만 예외가 존재한다.

일부 사람이 경우 면역 시스템이 이 물질을 침입자로 인식해서 공격한다. 일종의 잘못된 면역 반응에 의한 공격인 셈이다. 사실 세상에 완벽한 시스템은 없다. 면역 시스템도 마찬가지다. 비록 의도적인 것은 아니지만 공격해야 할 대상을 잘못 골라 엉뚱한 물질을 공격하거나 혹은 자신의 세포나 물질을 공격하는 경우가 있다. 면역 시스템이 자신을 공격하는 질환이 바로 자가면역 질환이며 생각보다 흔할 뿐 아니라 그 종류도 다양하다. 사실 면역 시스템은 언제든 나를 공격할 수 있는 양날의 칼날 같은 존재다. 그럼에도 우리는 면역 시스템이 없어지면 각종 세균, 바이러스, 기생충 감염으로 인해 죽기 때문에 다소의 위험을 감수하더라도 지금 같은 면역 시스템을 가지도록 진화했다.

흥미로운 것은 셀리악 병에 유전적인 배경이 있다는 것이다. HLA-DQ라는 면역 시스템에 관계된 물질을 만드는 유전자가 여기에 연관이 있다(DQ2와 DQ8). 이는 글루텐을 잘 인식하는 면역 시스템을 만드는 유전적 배경이 있음을 의미한다. 그리고 아마도 이런 유전적 배경이 일부 국가에서는 종종 볼 수 있는 셀리악 병이 우리나라를 비롯한 다른 국가에서는 드문 이유를 설명하는 것 같다. 사실 한국인의 경우 서양인에 흔한 HLA-DQ2를 지닌 사람이 거의 없고 셀리악 병으로 진단된 사람도 극히 드물다. 2014년에 한 환자가 보고 되자 첫 환자로 대한소화기학회지에 보고가 되었을 정도다.(21)

이 환자는 36세 여자 환자로 하루 3~4회의 설사와 지속적인 체중감소로 한 대학 병원을 내원했다. 여기서 여러 가지 검사를 진행하였으나 확실한 진단이 내려지지 않았다. 의료진은 처음에는 염증성 장질환을 의심해 약물을 투여했다. 하지만 호전이 없었고 환자는 연락이 두절되었다. 그리고 5년 후 증상이 계속 지속되어 다시 병원을 찾았으나 역시 쉽게 원인을 발견할 수 없었다. 캡슐 내시경과 소장 내시경(위 내시경이 아니라 소장만 전문적으로 보는 특수 내시경이다)까지 시행해서 조직 검사를 한 끝에 마침내 셀리악 병이 의심되어 글루텐 프리 식이를 진행했는데, 그때서야 증상이 호전되었다. 국내 첫 셀리악 병 환자 보고다. 이렇게 어렵게 진단을 한 이유는 한국에는 없는 병으로 알려졌기 때문에 의사들도 생각을 못한 것이 중요한 이유다.

여기서 눈치챘겠지만, 필자 역시 아직까지 한 번도 셀리악 병 환자를 본적이 없다. 우리나라에서만 진료를 한 의사 대부분이 마찬가지일 것이다. 왜냐하면 지금까지 보고된 환자가 1명이기 때문이다. 물론 진단되지 않은 환자가 더 있을 가능성은 있지만 그만큼 한국인에서는 드물다고 보면 된다.

사실 글루텐은 글리아딘만 지칭하는 단어가 아니다. 근연 관계에 있는 보리, 호밀, 귀리, 쌀보리 등에도 유사한 프롤라민이 있으며(모두 글루텐으로 부른다) 이들도 증상을 일으킬 수 있다. 다만 서양에서는 밀가루 소비가 많다 보니 밀가루가 집중 조명되었을 뿐이다. 참고로 귀리에 있는 프롤라민은 아베닌스Avenins라고 불리는데, 다행히 다른 글루텐과는 구조가 좀 달라서 독성이 크지 않아 셀리악 병이 있는 환자도 조심스럽게 먹을 수 있다. 흥미로운 점은 밀가루는 글루텐 때문에 나쁘다면서 귀리는 슈퍼푸드로 소개되고 있다는 것인데, 이걸 어떻게 받아들일지는 독자의 몫이다(참고로 글루텐 프리라고 판매되는 오트밀 등은 다른 밀이나 보리 같은 다른 곡물에서 기원한 글루텐이 없다는 의미다. 물론 셀리악 병이 있는 환자를 위한 배려다).

셀리악 병과 더불어서 글루텐과 관련해서 생길 수 있는 질환으로 비셀리악 글루텐 과민성Non-celiac gluten sensitivity(NCGS)이 있는데, 이 역시 국내에서는 잘 알려져 있지 않다. 혹시 밀가루 음식과 연관된 복부 불편감과 연관이 있을지도 모르지만 더 연구가 필요하다.

결론적으로 말하면 한국인의 경우 글루텐 프리 음식을 먹어야 하는 이유는 거의 생각하기 힘들다. 그런 이유로 글루텐 프리 식품GFD, Gluten Free Diet을 거의 보기 드물었으나 어떤 이유에서인지 최근 건강식으로 인기를 끌고 있다. 물론 수많은 건강식처럼 근거는 없다. 사실 서구 국가에서 조차 글루텐 프리 식품이 정말 필요한 사람은 소수다. 이 역시 한때의 유행일 것 같지만 인간은 늘 같은 실수를 반복하므로 다른 형태의 건강식(?)이 미래에 유행하게 될 것이다.

11

결론

      이번 장의 결론은 간단하다. 현재 평균적인 한국인은 권장량의 단백질을 섭취하고 있다. 다만 탄수화물/단백질/지질의 구성을 보면 탄수화물 섭취량이 다소 많아서 단백질과 지질의 섭취를 약간 더 늘리는 편이 좋을 수도 있다. 콩류는 훌륭한 식물성 단백질 공급원이며 육류와 달걀, 생선, 유제품 역시 양질의 단백질을 공급받을 수 있는 좋은 방법이다.

    일부 연구 보고에서 동물성 단백질의 과잉섭취가 사망률 증가와 연관성이 있다는 보고가 있다. 하지만 여러 연구에서 일관된 결과가 나오지 않고 있는데다, 한국인의 평균 섭취량을 감안하면 지금보다 동물성 단백질 섭취량을 늘린다고 해도 안전할 것으로 보인다. 양질의 단백질 섭취를 위해서도 육류 섭취를 줄일 이유가 없다. 다만 거의 주식처럼 먹는 일은 피하자. 동시에 적색육 이외에 닭고기나 생선 등 다양한 공급원을 선택하는 것도 현명한 방법이다.

    적색육은 Group 2A, 가공육은 Group 1 발암물질로 지정되었다. 가공육의 경우 발암성 및 심혈관 질환의 위험성이 비교적 잘 입증되어 있으므로 즐겨 먹는 일은 피해야 한다. 다만 현재 평균적인 한국인의 소비량 수준에서는 크게 걱정할 필요가 없다. 적색육의 경우 발암성, 특히 대장암과의 연관성이 의심되기는 하나 한국인의 평균 섭취 수준에서는 크게 걱정할 정도는 아닌 것 같다. 역시 한국인의 평균 섭취 수준에서는 걱정할 필요가 없어 보인다. 밥을 대신할 정도로 지나치게 많이 먹는 것만 피하자.

현재까지 연구 결과를 종합할 때 글루텐 프리 식품은 대다수 한국인에서 시간과 돈 낭비다.

식이 생활은 기대 수명에 얼마나 영향을 미치나?

지금까지 3대 영양소가 건강에 미치는 영향을 중심으로 이야기를 했다. 이렇게 보면 먹는 것이 건강에 미치는 영향은 절대적인 것 같다. 물론 제대로 잘 먹는 것은 건강에 매우 중요하며 여기에 의문을 제기할 사람은 아무도 없을 것이다. 하지만 좀 더 시야를 넓게 보자. 건강을 결정짓는 요소는 매우 다양할 수밖에 없다. 오래 사는데 있어 음식은 얼마나 관여할까? 식생활 하나만이 기대수명(특정 연도에 특정연령의 사람이 앞으로 생존할 것으로 기대되는 평균 생존 연수를 기대여명life expectancy이라고 하며 0세의 기대여명을 기대 수명life expectancy at birth이라고 부른다)을 결정짓는 유일한 요소가 아니라는 것은 당연하다. 참고로 국가별 기대수명을 비교해보자.

2015년 기대 수명 – 세계보건기구(WHO) 2016년 세계 보건 통계

1위 – 일본 (83.7세)

2위 – 스위스 (83.4세)

3위 – 싱가포르 (83.1세)

4위 – 호주 (82.8세)

4위 – 스페인 (82.8세)

6위 – 아이슬란드 (82.7세)

6위 – 이탈리아 (82.7세)

8위 – 이스라엘 (82.5세)

9위 – 스웨덴 (82.4세)

9위 – 프랑스 (82.4세)

11위 – 한국 (82.3세)

12위 – 캐나다 (82.2세)

20위 – 영국 (81.2세)

24위 – 독일 (81.0세)

24위 – 그리스 (81.0세)

31위 – 미국 (79.3세)

109위 – 북한 (70.6세)

110위 – 러시아 (70.5세)

149위 – 케냐 (63.4세)

183위 – 시에라리온 (50.1세)

전체 순위는 http://www.who.int/gho/publications/world_health_statistics/2016/Annex_B/en/ 에서 확인.

이 순위를 보면 오래 사는 나라는 한 가지 공통점이 있다. 바로 OECD 가입국으로 선진국이라는 점이다. 1위인 일본과 2위인 스위스는 식생활에 차이가 있고 3위인 싱가포르와 4위인 호주 역시 식생활에 많이 다를 것이다. 하지만 모두 잘사는 선진국이다. 유럽 안에서도 발암성은 물론 심혈관 질환의 위험인자로 알려진 가공육을 즐겨 먹는 독일과 건강식으로 알려진 지중해식 음식을 먹는 그리스의 기대 수명이 같다. 이들의 식생활 패턴은 다르지만 유럽 선진국이라는 공통점이 있다. 몇 년 정도 차이는 있지만 선진국끼리 기대수명 차이는 생각보다 크지 않다.

이 표를 보면 한 마디로 잘사는 나라가 더 오래 산다. 이것은 별로 놀랄 것이 없는 내용이기도 하다. 잘사는 선진국일수록 질 좋은 의료 서비스를 받을 가능성도 높고 전체적인 위생 수준도 좋다. 물론 기아나 기타 이유로 빨리 죽을 가능성이 현저하게 낮아진다.

구석기 시대부터 20세기 전까지 인류의 기대수명은 40세를 좀처럼 넘지 못했다. 그러다가 20세기 이후 의학 기술이 크게 진보하면서 기대수명이 급격히 증가했다. 그 사이 인류의 식단이 더 건강해졌다고 보기는 어렵지만 위생의 개선, 백신, 항생제의 개발로 어리거나 젊은 나이에 죽는 사람의 숫자가 극적으로 감소했다. 여기에 모든 국민이 이용할 수 있는 현대적인 의료 서비스 시스템의 등장으로 당뇨 고혈압 같은 만성 질환을 가진 환자도 매우 오래 살 수 있는 시대다. 동시에 암, 뇌졸중, 심근 경색을 앓고도 장기간 생존하는 경우가 점차 증가하고 있다. 20세기 전에는 평균 40살도 못살던 인류가 지금은 80세를 넘보는 이유는 시간이 갈수록 더 건강하게 먹어서가 아니다. 현대 의료의 혜택을 받는 인구가 크게 증가하고 대규모 전쟁이나 기근이 없는 상태에서 기대수명이 크게 증가한 것이다. 그러니까

TV에서 보듯이 '이것'을 먹어서 장수했다는 이야기는 솔직히 현실과 동떨어진 이야기다.

하지만 여기에서 한 가지 더 생각해야 하는 것은 소득과 기대수명이 완전히 일치하지 않는다는 것이다. GDP는 미국이 한국보다 높지만, 기대수명은 한국이 미국보다 높다. 왜 일까?

미국의 경우 지금도 의료비가 매우 고가인데다 선진국 가운데는 보기 드물게 전 국민 의료 보험이 없어서(오바마 케어를 통해 개혁 중이긴 하지만, 이 글을 쓰는 시점에서 앞으로 어떻게 될지는 판단하기 어렵다) 일부 국민들은 여전히 의료 접근성이 좋지 않다. 여기에 비만 문제도 심각하고 첨가당과 포화지방 섭취 비율이 매우 높다. 따라서 소득 수준에 비해 기대수명이 다소 짧을 것으로 예상할 수 있다. 물론 기대수명에 영향을 미치는 인자는 소득, 인종, 범죄, 자살률 등 이외에도 매우 많다. 다만 나쁜 식습관과 높은 비만 유병률 역시 기대수명을 단축시키는 요인 중 하나라는 것이다.

한국의 경우 비슷한 순위의 나라보다 OECD 가입의 역사가 짧고 상대적으로 소득은 적지만 전 국민 의료보험을 일찍부터 도입해서 의료 접근성이 매우 좋고 질도 우수하다. 흥미롭게도 이는 기대수명이 높은 국가들이 공통적으로 가지는 특징이다. 동시에 앞서 살펴본 것처럼 포화지방, 트랜스지방, 첨가당 섭취량이 적고 과일과 채소 섭취량은 적절한 편이다(다만 짜게 먹는 점은 문제). 비만 인구가 많은 것은 BMI 기준 자체가 낮기 때문으로 만약 같은 기준으로 보면 미국보다 비만 인구도 훨씬 적다. 따라서 기대수명이 빠르게 증가해서 미국이나 유럽 선진국을 제치고 10위권을 넘보는 것 역시 놀라운 일이 아닐 것이다. 미래에는 1위인 일본을 바짝 추격할 것으로 보인다. 이렇게 보면 이미 더 건강하게 먹는 한국인이 유럽이나 미국에서 유행하는 기이한 식생활을 따라한다는 것 자체가 이해할 수 없는 아이러니다. 쉽지는 않겠지만, 미국인이 한국인처럼 먹는 것이 훨씬 논리적이다. 그러나 젊은 층에서는 반대의 현상이 일어나고 있다.

이 이야기는 이제까지 했던 이야기를 뒤집는 것이 아니라 더 넓은 관점에서 식생활의 영향을 설명한 것이다. 건강하게 먹는 것이 건강에 중요한건 맞지만 장수의 유일한 비결은 아니라는 것을 설명한 것이다. 그래도 결론이 달라지는 것은 없다. 평균적인 한국인이라면 의료 서비스에 대한 접근도는 비슷할 것이다. 그렇다면 평균 혹은 그보다 더 오래 살기 위해서는 흡연, 과도한 음주, 비만 같은 위험인자를 피하면서 건강하게 먹고 적절하게 운동해야 할 것이다. 동시에 단순히 오래 사는 것만이 아니라 질병 없이 오래 사는 것도 중요하다. 심근경색, 뇌졸중, 당뇨, 암에 걸리고도 장기간 생존은 가능할 수 있다. 하지만 평생 합병증에 시달리는 경우도 드물지 않다. 요즘처럼 수명이 길어진 시대에 인생의 마지막 상당 부분을 병들어 사는 것은 축복이 아닌 비극이다. 심혈관 질환, 당뇨, 암 같은 질환의 위험도를 낮추기 위해서는 앞서 설명한대로 건강하게 먹고 정상 체중을 유지하는 것이 중요하다.

결론: 어떻게 먹어야 하나?

필자가 생각하기에 이 책의 가장 큰 장점은 실천하기 어려운 기상천외한 건강 비법을 소개하지 않는다는 것이다. 그리고 이것만 먹으면 모든 병이 치유되고 온갖 질병이 예방되는 기적의 음식도 없다. 대신 상당히 고리타분해 보이는 이야기를 한다. 밥을 주식으로 하되 골고루 편식하지 말고 적당히 먹자는 이야기는 사실 누구나 할 수 있는 이야기가 아닌가? 하지만 사실 기본을 지키는 일이 언제나 가장 힘들다.

아마 오늘도 바쁜 아침에 끼니를 거르고 점심은 편의점 라면과 김밥, 도시락으로 대신해야 하는 직장인이 드물지 않은 게 우리의 현실일 것이다 (대표적으로 필자가 그랬다). 저녁에는 싫어도 기름진 음식이 나오는 회식에 참석해야 할지도 모른다. 하지만 그래도 이 책에서 설명한 내용을 충분히 이해했다면 좀 더 건강하게 먹을 수 있는 여건에서는 그렇게 먹을 수 있을 것이고 지나치게 먹어서는 안 되는 음식은 절제할 수 있을 것이다. 예를 들어 점심을 먹은 후 습관처럼 콜라를 마셨던 사람이 있다면 이제 과일이나 보리차 같은 다른 대안을 선택할지 모른다. 하지만 필자가 가장 기대하는 결과는 많은 시간과 비용, 불편을 감수하면서까지 기발하고 검증되지 않은 건강식을 무분별하게 따라하지 않는 것이다. 이런 식사가 지금 우리가 먹는 밥보다 더 좋다는 근거는 없기 때문이다.

혹시나 하는 마음에서 덧붙이면, 이 책은 가이드라인에 맞춰 '오늘 저녁은 탄수화물 60%, 지방 25%, 단백질 15%로 먹자'라고 주장하는 것이 아니다. 현실에서 우리는 탄수화물, 단백질, 지방을 음식을 통해 섭취하지 개별적으로 먹는 것이 아니다. 그러면 좀 더 구체적으로 어떻게 먹는 게 좋을까?

밥은 가능하다면 순수한 흰 쌀밥보다 보리나 현미, 콩을 섞은 잡곡밥이 더 좋지만 밥맛을 크게 희생하면서까지 그럴 필요는 없다. 필자는 우연한 기회에 귀리를 섞어 본적이 있었는데 결국 먹기가 쉽지 않았다. 물론 다이어트를 위해 일부러 그렇게 하는 경우도 있겠지만 일반적인 경우라면 먹기 싫은 걸 참으면서까지 먹을 필요는 없다고 생각한다. 결국 오래 참고 먹기 힘든 건 물론이고 먹는 즐거움이라는 인생의 귀중한 가치도 잃어버리게 된다. 즐겁게 먹을 수 있을 만큼 섞고 일부는 반찬의 형태로 섭취하자. 참고로 밥을 강조한 이유는 예상되는 독자가 한국인이기 때문이다. 만약 미국인이라면 통곡물 사용한 빵과 시리얼을 강조했을 것이다. 이 책의 주제는 밥을 주식으로 하자가 아니다. 그보다는 한국인에서 적절한 식생활을 설명하기 위한 것이다.

첨가당과 포화지방 그리고 과도한 열량 섭취를 피하기 위해서는 가당 음료, 패스트푸드, 가공식품을 너무 많이 먹어서는 안 될 것이다. 특히 가당 음료(탄산음료만이 아니다)는 하루 한 캔 정도면 적당하다. 패스트푸드는 바쁠 때는 가끔 이용해도 좋지만 주식으로 삼지는 말자. 과자나 라면도 매일 먹는 것보다 일주일에 1~2번 먹는 게 더 맛있기도 하고 건강에도 좋다.

노파심에서 추가하면 필자의 주장은 하루 세 끼를 모두 밥으로 먹어야 한다는 것이 아니다. 솔직히 그건 현실성이 떨어지는 이야기다. 만약 피자, 치킨, 국수, 삼겹살 등 다양한 음식을 먹을 수 없고 항상 밥만 주식으로 삼아야 한다면 과연 즐겁고 건강한 삶일까? 아마도 그렇지 않을 것이다. 필자가 주장하는 것은 밥 대신 피자, 치킨, 돈까스 등을 주식으로 삼지는 말라는 것이다. 이런 음식을 주식으로 삼기에는 너무 열량이 높고 지방과 동물성 단백질의 비중이 커진다. 같은 이유로 고기를 피할 이유는 없지만, 적당히 먹을 필요는 있다.

동시에 단백질 보충을 위해 적색육만 고집할 필요는 없다. 생선과 다양한 식물성 단백질(두부나 콩 요리)을 곁들이면 먹기 훨씬 좋을 뿐 아니라 단백질과 지방 섭취도 훨씬 건강해진다.

튀김 요리는 과도한 지방 및 열량 섭취로 이어질 수 있으므로 많이 먹지 않도록 주의하자. 견과류는 불포화지방의 좋은 공급원이지만 역시 열량이 높으므로 너무 과도하게 섭취하지 않도록 주의하자. 야채와 과일류는 충분히 섭취하면 좋다. 다만 과일 주스의 경우 첨가당이 포함된 경우가 드물지 않으니 주의하기 바란다.

아마도 평균적인 한국인이라면 기름지게 먹거나 달게 먹는 게 문제되지는 않을 것이다. 보통 문제는 짜게 먹는 데서 생긴다. 가능하면 싱겁게 먹기 위해서 노력하자.

덧붙여 이 책에서는 분량상 자세히 설명하지 못했지만 적당히 먹는 것도 중요하다. 사실 체중, 성별, 신체 활동량에 따라서 얼마나 열량 섭취를 해야 하는지도 많은 연구가 진행되어 있고 제시하는 권장량이 있다. 하지만 하루에 얼마나 먹는지 열량을 계산해가면서 먹는 경우는 철저한 체중 감량을 하거나 병원에서 열량 제한식을 하는 경우 이외에는 생각하기 어려울 것이다. 그보다 더 권장할 방법은 정상 체중을 유지할 정도로 먹는 것이다. 체중이 적거나 많이 나가면 조금 많이 먹거나 적게 먹으면 된다.

요즘 이런 저런 독특한 다이어트 비법들이 유행하는데 이를 비웃기라도 하듯이 전 세계적인 비만 유병률은 크게 증가하고 있다. 결국 적게 먹고 많이 운동하는 것 이외에 아직 효과적인 비만 치료는 없으며 약물치료는 보조적 요법에 불과하다. 이상한 다이어트와 비만 치료에 너무 많은 시간과 돈을 빼앗기지 않도록 주의하자.

지금까지 내용이 길고 복잡했지만 사실 결론은 간단하다. 편식하지 말고 골고루 충분히 먹자. 어이없을 만큼 단순하지만 진리는 보통 그런 것이 아닐까?

당 그리고 탄수화물 편

01 Bray, GA; Nielsen SJ; Popkin BM (2004). "Consumption of high-fructose corn syrup in beverages may play a role in the epidemic of obesity". American Journal of Clinical Nutrition. 79 (4): 537-543.

02 Samuel VT (February 2011). "Fructose induced lipogenesis: from sugar to fat to insulin resistance". Trends Endocrinol. Metab. 22 (2): 60-5.

03 Sievenpiper, JL; de Souza, RJ; Mirrahimi, A; Yu, ME; Carleton, AJ; Beyene, J; Chiavaroli, L; Di Buono, M; Jenkins, AL; Leiter, LA; Wolever, TM; Kendall, CW; Jenkins, DJ (21 February 2012). "Effect of fructose on body weight in controlled feeding trials: a systematic review and meta-analysis.". Annals of Internal Medicine. 156 (4): 291-304. doi:10.7326/0003-4819-156-4-201202210-00007

04 American Heart Association. Updated: Nov 19,2014 Added Sugars Quote: "The AHA recommendations focus on all added sugars, without singling out any particular types such as high-fructose corn syrup"

05 Vartanian, L.R.; Schwartz, M.B.; Brownell, K.D. (2007). "Effects of soft drink consumption on nutrition and health: a systematic review and meta-analysis" (PDF). American Journal of Public Health. 97 (4): 667-675. doi:10.2105/AJPH.2005.083782

06 Mark D. DeBoer, MD, MSc, MCRa, Rebecca J. Scharf, MD, MPHb, and Ryan T. Demmer, PhDc. Sugar-Sweetened Beverages and Weight Gain in 2- to 5-Year-Old Children. Pediatrics; originally published online August 5, 2013. doi: 10.1542/peds.2013-0570

07 Imamura, F; O'Connor, L; Ye, Z; Mursu, J; Hayashino, Y; Bhupathiraju, SN; Forouhi, NG (21 July 2015). "Consumption of sugar sweetened beverages, artificially sweetened beverages, and fruit juice and incidence of type 2 diabetes: systematic review, meta-analysis, and estimation of population attributable fraction". BMJ (Clinical research ed.). 351: h3576. doi:10.1136/bmj. h3576

08 Bhupathiraju SN, Tobias DK, Malik VS, Pan A, Hruby A, Manson JE, Willett WC, Hu FB. Glycemic index, glycemic load, and risk of type 2 diabetes: results from 3 large US cohorts and an updated meta-analysis. Am J Clin Nutr. 2014 Jul;100(1):218-32.

09 Sacks FM, Carey VJ, Anderson CAM, et al. Effects of high vs low glycemic index of dietary carbohydrate on cardiovascular disease risk factors and insulin sensitivity: the OmniCarb randomized clinical trial. JAMA 2014;312:2531-2541

10 Quanhe Yang, Zefeng Zhang, Edward W. Gregg, W. Dana Flanders, Robert Merritt, Frank B. Hu. Added Sugar Intake and Cardiovascular Diseases Mortality Among US Adults. JAMA Internal Medicine, 2014; DOI:10.1001/jamainternmed.2013.13563

11 J.L. Carwile et al. Sugar-sweetened beverage consumption and age at menarche in a prospective study of US girls. Human Reproduction, 2015 DOI: 10.1093/humrep/deu349

12 Larsson SC, Bergkvist L, Wolk A. Consumption of sugar and sugar-sweetened foods and the risk of pancreatic cancer in a prospective study. Am J Clin Nutr. 2006 Nov;84(5):1171-6.

13 http://www.who.int/mediacentre/news/releases/2015/sugar-guideline/en/

14 Nishida C, Uauy R, Kumanyika S, Shetty P. The joint WHO/FAO expert consultation on diet, nutrition and the prevention of chronic diseases: process, product and policy implications. Public Health Nutr. 2004 Feb;7(1A):245-50.

15 Song SJ, Lee JE, Paik HY, Park MS, Song YJ. Dietary patterns based on carbohydrate nutrition are associated with the risk for diabetes and dyslipidemia. Nutr Res Prac 6(4):349-356, 2012.

16 Song SJ, Lee JE, Song WO, Paik HY, Song Y. Carbohydrate intake and refined-grain consumption are associated with metabolic syndrome in the Korean adult population. J Acad Nutr Dietetics 114(1):54-62, 2014.

17 Foster GD, Wyatt HR, Hill JO, McGuckin BG, Brill C, Mohammed BS, Szapary PO, Rader DJ, Edman JS, Klein S. A randomized trial of a low-carbohydrate diet for obesity. N Engl J Med. 2003 May 22;348(21):2082-90.

18 Sacks FM, Bray GA, Carey VJ, Smith SR, Ryan DH, Anton SD, McManus K, Champagne CM, Bishop LM, Laranjo N. 2009. Comparison of weight-loss diets with different compositions of fat, protein, and carbohydrates. New Engl J Med 2009;360:859-73.

19 Trichopoulou A, Psaltopoulou T, Orfanos P, Hsieh CC, Trichopoulos D. Low-carbohydrate-high-protein diet and long-term survival in a general population cohort. Eur J Clin Nutr. 2007 May;61(5):575-81.

20 Lagiou P, Sandin S, Weiderpass E, Lagiou A, Mucci L, Trichopoulos D, Adami HO. Low carbohydrate-high protein diet and mortality in a cohort of Swedish women. J Intern Med. 2007

Apr;261(4):366-74.

21 Fung TT, van Dam RM, Hankinson SE, Stampfer M, Willett WC, Hu FB. Low-carbohydrate diets and all-cause and cause-specific mortality: two cohort studies. Ann Intern Med. 2010 Sep 7;153(5):289-98.

22 Aune, Dagfinn; Keum, NaNa; Giovannucci, Edward; Fadnes, Lars T; Boffetta, Paolo; Greenwood, Darren C; Tonstad, Serena; Vatten, Lars J; Riboli, Elio; Norat, Teresa (14 June 2016). "Whole grain consumption and risk of cardiovascular disease, cancer, and all cause and cause specific mortality: systematic review and dose-response meta-analysis of prospective studies". BMJ: i2716. doi:10.1136/bmj.i2716

23 de Munter JS, Hu FB, Spiegelman D, Franz M, van Dam RM. Whole grain, bran, and germ intake and risk of type 2 diabetes: a prospective cohort study and systematic review. PLoS Med. 2007 Aug;4(8):e261.

24 Carabin, I. G.; Flamm, W. G. (1999). "Evaluation of safety of inulin and oligofructose as dietary fiber". Regulatory Toxicology and Pharmacology. 30 (3): 268-82. doi:10.1006/rtph.1999.1349.

25 Scientific Opinion on the re-evaluation of aspartame (E 951) as a food additive". EFSA Journal. 11 (12): 263. 10 December 2013.

26 Yang Q1. Gain weight by "going diet?" Artificial sweeteners and the neurobiology of sugar cravings: Neuroscience 2010. Yale J Biol Med. 2010 Jun;83(2):101-8.

27 Fruit and vegetables for Health, Report of a Joint FAO/WHO Workshop. http://www.who.int/dietphysicalactivity/fruit/en/

28 Wang X, Ouyang Y, Liu J, Zhu M, Zhao G, BaoW, Hu FB. Fruit and vegetable consumption and mortality from all causes, cardiovascular disease, and cancer: systematic review and dose-response meta-analysis of prospective cohort studies. BMJ 2014;349:g4490.

29 He FJ, Nowson CA, MacGregor GA. Fruit and vegetable consumption and stroke: meta-analysis of cohort studies. Lancet 2006;367:320-326.

지방 편

01 Yamagishi K, Iso H, Date C, Fukui M, Wakai K, Kikuchi S, Inaba Y, Tanabe N, Tamakoshi A. Fish, omega-3 polyunsaturated fatty acids, and mortality from cardiovascular diseases in a nationwide community-based cohort of Japanese men and women the JACC(Japan Collaborative

Cohort Study for Evaluation of Cancer Risk) Study. J Am Coll Cardiol 52:988-996, 2008.

02 Rizos EC, Ntzani EE, Bika E, Kostapanos MS, Elisaf MS (September 2012). "Association Between Omega-3 Fatty Acid Supplementation and Risk of Major Cardiovascular Disease Events A Systematic Review and Meta-analysis". JAMA. 308 (10): 1024-1033. doi:10.1001/2012. jama.11374

03 Casula M, Soranna D, Catapano AL, Corrao G (August 2013). "Long-term effect of high dose omega-3 fatty acid supplementation for secondary prevention of cardiovascular outcomes: A meta-analysis of randomized, placebo controlled trials [corrected]". Atherosclerosis Supplements. 14 (2): 243-51. doi:10.1016/S1567-5688(13)70005-9

04 MacLean CH, Newberry SJ, Mojica WA, Khanna P, Issa AM, Suttorp MJ, Lim YW, Traina SB, Hilton L, Garland R, Morton SC (2006-01-25). "Effects of omega-3 fatty acids on cancer risk: a systematic review.". JAMA: the Journal of the American Medical Association. 295 (4): 403-15. doi:10.1001/jama.295.4.403

05 Perica MM, Delas I (August 2011). "Essential fatty acids and psychiatric disorders". Nutrition in clinical practice : official publication of the American Society for Parenteral and Enteral Nutrition. 26 (4): 409-25. doi:10.1177/0884533611411306

06 Chowdhury, Rajiv; et al. (March 18, 2014). "Association of Dietary, Circulating, and Supplement Fatty Acids With Coronary Risk: A Systematic Review and Meta-analysis". Ann Intern Med.

07 "Specific Dietary Fats in Relation to Total and Cause-Specific Mortality," Dong D. Wang, Yanping Li, Stephanie E. Chiuve, Meir J. Stampfer, JoAnn E. Manson, Eric B. Rimm, Walter C. Willett, and Frank B. Hu, JAMA Internal Medicine, online July 5, 2016, DOI: 10.1001/jamainternmed.2016.2417

08 Luo C. et al Nut consumption and risk of type 2 diabetes, cardiovascular disease, and all-cause mortality: a systematic review and meta-analysis. Am J Clin Nutr. 2014 Jul;100(1):256-69.

09 Willett WC, Ascherio A (1995). "Trans fatty acids: are the effects only marginal?". American Journal of Public Health. 85 (3): 411-412. doi:10.2105/AJPH.84.5.722

10 Zaloga GP, Harvey KA, Stillwell W, Siddiqui R (2006). "Trans Fatty Acids and Coronary Heart Disease". Nutrition in Clinical Practice. 21 (5): 505-512. doi:10.1177/0115426506021005505

11 Hu, FB; Stampfer, MJ, Manson, JE, Rimm, E, Colditz, GA, Rosner, BA, Hennekens, CH, Willett, WC (1997). "Dietary fat intake and the risk of coronary heart disease in women". New England Journal of Medicine (PDF). 337 (21): 1491-1499. doi:10.1056/

NEJM199711203372102

12 Tricon S, Burdge GC, Kew S, Banerjee T, Russell JJ, Jones EL, Grimble RF, Williams CM, Yaqoob P, Calder PC. Opposing effects of cis-9,trans-11 and trans-10,cis-12 conjugated linoleic acid on blood lipids in healthy humans. Am J Clin Nutr. 2004 Sep;80(3):614-20.

13 Brouwer IA1, Wanders AJ, Katan MB. Effect of animal and industrial trans fatty acids on HDL and LDL cholesterol levels in humans--a quantitative review. PLoS One. 2010 Mar 2;5(3):e9434. doi: 10.1371/journal.pone.0009434.

14 Hooper L, Abdelhamid A, Moore HJ, Douthwaite W, Skeaff CM, Summerbell CD. Effect of reducing total fat intake on body weight: systematic review and meta-analysis of randomised controlled trials and cohort studies. BMJ. 2012 Dec 6;345:e7666.

15 Wakai K, Naito M, Date C, Iso H, Tamakoshi A; JACC Study Group. Dietary intakes of fat and total mortality among Japanese populations with a low fat intake: the Japan Collaborative Cohort (JACC) Study.

16 Nagata C, Nakamura K, Wada K, Oba S, Tsuji M, Tamai Y, Kawachi T. Total fat intake is associated with decreased mortality in Japanese men but not in women. J Nutr. 2012 Sep;142(9):1713-9.

17 Jeffery E, Church CD, Holtrup B, Colman L, Rodeheffer MS. Rapid depot-specific activation of adipocyte precursor cells at the onset of obesity. Nat Cell Biol. 2015 Apr;17(4):376-85.

18 Marie Ng, Emmanuela Gakidou et al. Global, regional, and national prevalence of overweight and obesity in children and adults during 1980-2013: a systematic analysis for the Global Burden of Disease Study 2013. The Lancet, 2014; DOI: 10.1016/S0140-6736(14)60460-8

19 Kim CS1, Ko SH2, Kwon HS2, Kim NH3, Kim JH4, Lim S5, Choi SH5, Song KH6, Won JC7, Kim DJ8, Cha BY2; Taskforce Team of Diabetes Fact Sheet of the Korean Diabetes Association. Prevalence, awareness, and management of obesity in Korea: data from the Korea national health and nutrition examination survey (1998-2011). Diabetes Metab J. 2014 Feb;38(1):35-43

20 Steven A Grover, Mohammed Kaouache, Philip Rempel, Lawrence Joseph, Martin Dawes, David C W Lau, Ilka Lowensteyn. Years of life lost and healthy life-years lost from diabetes and cardiovascular disease in overweight and obese people: a modelling study. The Lancet Diabetes & Endocrinology, 2014; DOI:10.1016/S2213-8587(14)70229-3

21 Adam E. Locke et al. Genetic studies of body mass index yield new insights for obesity biology.

Nature, 2015; 518 (7538): 197 DOI: 10.1038/nature14177

22 Dmitry Shungin et al. New genetic loci link adipose and insulin biology to body fat distribution. Nature, 2015; 518 (7538): 187 DOI: 10.1038/nature14132

단백질 편

01 Bernstein AM, Pan A, Rexrode KM, Stampfer M, Hu FB, Mozaffarian D, Willett WC. Dietary protein sources and the risk of stroke in men and women. Stroke 43(3):637-644, 2012.

02 Bernstein AM, Sun Q, Hu FB, Stampfer MJ, Manson JE, Willett WC. Major dietary protein sources and risk of coronary heart disease in women. Circulation 122(9):876-883, 2010.

03 Bujnowski D, Xun P, Daviglus ML, Van Horn L, He K, Stamler J. Longitudinal association between animal and vegetable protein intake and obesity among men in the United States: the Chicago Western Electric Study. Journal of the American Dietetic Association 111(8):1150-1155. 2011

04 World Health Organization/Food and Agriculture Organization of the United Nations/United Nations University (WHO/FAO/UNU), Protein and amino acid requirements in human nutrition. Report of a Joint. WHO/FAO/UNU Expert Consultation. WHO Technical Report Series, No 935, 2007.

05 Frank H, Graf J, Amann-Gassner U, Bratke R, Daniel H, Heemann U, Hauner H. Effect of short-term high-protein compared with normal-protein diets on renal hemodynamics and associated variables in healthy young men. The American journal of clinical nutrition 90(6):1509-1516, 2009.

06 Higashiyama A, Watanabe M, Kokubo Y, Ono Y, Okayama A, Okamura T. Relationships between protein intake and renal function in a Japanese general population: NIPPON DATA90. Journal of Epidemiology 20(Supplement_III):S537-S543, 2010.

07 Lagiou P, Sandin S, Lof M, Trichopoulos D, Adami HO, Weiderpass E. Low carbohydrate-high protein diet and incidence of cardiovascular diseases in Swedish women: prospective cohort study. BMJ. 2012 Jun 26;344:e4026.

08 Kelemen LE, Kushi LH, Jacobs DR Jr, Cerhan JR. Associations of dietary protein with disease and mortality in a prospective study of postmenopausal women. Am J Epidemiol. 2005 Feb 1;161(3):239-49.

09 http://www.heart.org/HEARTORG/Conditions/More/MyHeartandStrokeNews/Protein-and-

Heart-Health_UCM_434962_Article.jsp#.V-C2g7ea3cs

10 Micha, R.; Wallace, S. K.; Mozaffarian, D. (1 June 2010). "Red and Processed Meat Consumption and Risk of Incident Coronary Heart Disease, Stroke, and Diabetes Mellitus: A Systematic Review and Meta-Analysis". Circulation. 121 (21): 2271- 2283.

11 http://www.heart.org/HEARTORG/HealthyLiving/HealthyEating/Nutrition/Suggested-Servings-from-Each-Food-Group_UCM_318186_Article.jsp#.V-DDV4iLTcs

12 IARC Monographs evaluate consumption of red meat and processed meat. http://www.iarc.fr/en/media-centre/pr/2015/pdfs/pr240_E.pdf

13 Xu X, Yu E, Gao X, Song N, Liu L, Wei X, Zhang W, Fu C. Red and processed meat intake and risk of colorectal adenomas: a meta-analysis of observational studies. Int J Cancer. 2013 Jan 15;132(2):437-48

14 Aune D, Chan DS, Vieira AR, Navarro Rosenblatt DA, Vieira R, Greenwood DC, Kampman E, Norat T. Red and processed meat intake and risk of colorectal adenomas: a systematic review and meta-analysis of epidemiological studies.

15 Alexander DD, Morimoto LM, Mink PJ, Cushing CA. A review and meta-analysis of red and processed meat consumption and breast cancer. Nutr Res Rev. 2010 Dec;23(2):349-65.

16 Alexander DD, Mink PJ, Cushing CA, Sceurman B. A review and meta-analysis of prospective studies of red and processed meat intake and prostate cancer. Nutr J. 2010 Nov 2;9:50.

17 Song, Peng, et al. "Red Meat Consumption and Stomach Cancer Risk: A Meta-Analysis." Journal of Cancer Research & Clinical Oncology 140.6 (2014): 979-92. ProQuest.

18 Rohrmann S, et al. Meat consumption and mortality--results from the European Prospective Investigation into Cancer and Nutrition. BMC Med. 2013 Mar 7;11:63.

19 Samraj AN et al. A red meat-derived glycan promotes inflammation and cancer progression. Proc Natl Acad Sci U S A. 2015 Jan 13;112(2):542-7.

20 Song M, Fung TT, Hu FB, Willett WC, Longo VD, Chan AT, Giovannucci EL. Association of Animal and Plant Protein Intake With All-Cause and Cause-Specific Mortality. JAMA Intern Med. 2016 Aug 1.

21 권태근, 임철현, 변성욱, 백명기, 이종율, 문성진, 김진수, 최명규. Celiac Disease 1예 (Korean J Gastroenterol 2013;61:338-342)

전파과학사에서는 독자 여러분의 책에 관한 아이디어와 원고 투고를 기다리고 있습니다. 전파과학사의 임프린트 디아스포라 출판사는 종교(기독교), 경제·경영, 문학, 건강, 취미 등 다양한 장르의 국내 저자와 해외 번역서를 준비하고 있습니다. 출간을 고민하고 계신 분들은 이메일 chonpa2@hanmail.net 로 간단한 개요와 취지, 연락처를 등을 적어 보내주세요.

과학으로 먹는 3대 영양소
탄수화물 · 지방 · 단백질

초판 1쇄 인쇄 2017년 1월 10일
초판 2쇄 발행 2017년 5월 10일

지은이 정주영
발행인 손영일
편집 손동석
디자인 기민주

펴낸 곳 전파과학사
출판등록 1956. 7. 23 제 10-89호
주소 서울시 서대문구 증가로18, 204호
전화 02-333-8877(8855)   **팩스** 02-334-8092
이메일 chonpa2@hanmail.net   **홈페이지** www.s-wave.co.kr
공식 블로그 http://blog.naver.com/siencia
ISBN 978-89-7044-582-3 (03400)
값 15,000원